自然主义，绿色餐桌，带你共享健康与美丽

三明治教室

（韩）金胤晶　著

朴妍丹　译

U0388503

辽宁科学技术出版社
沈　阳

前言
·
·
·

自制营养美味的三明治，
享受幸福的瞬间

　　我的料理中蕴藏了孩童时期与父母一起嬉戏打闹的美好回忆。我从小随着当公务员的父亲经常搬家，便可以尽情地游山玩水，度过了一个愉快的童年。不过至今还忘不了当年在山野之中吃过的灯笼果、覆盆子和菩提子的味道。还记得妈妈非常喜欢花和料理，每天都会给家人准备丰盛的早饭，白天干活时还从不忘给我们五个兄弟姐妹做零食。现在时代发展了，只要一个电话就能吃到津津有味的小吃，但当时全部都要自己亲自动手做。不久前，我还发现了妈妈的料理百科全集，回想起当时大家一起做饭的情景，不禁沉浸在一片幸福的回忆中。

　　基于成长的环境，只要时间允许，我也会尽可能地自己做零食给我的孩子们。只希望我的孩子们也能从我身上得到我妈妈留给我的那种幸福的记忆。所以经常给孩子们做的零食就是三明治。只要有好吃的面包和简单的材料，就能迅速地做出既美味又可饱腹的零食或者正餐。

　　如果天气适合出去野餐，那可以在本书中挑选一个最喜欢的三明治，与家人一起去野外度过愉快的假期，享受满满的幸福。我有一个喜欢骑自行车的小学生儿子，所以会经常做好三明治与家人一起去江边，感受春暖花开的日子，度过悠闲的时光。因此我也常去面包店，知道了很多和三明治互相搭配的面包。大家也可以在家附近找一家常去的面包店，做出专属于自己的三明治。

　　《沙拉教室》和《三明治教室》在国内将同期出版，非常感谢我的制作团队，我感到非常幸福。大家一起品尝三明治，一起交流讨论，一起苦恼着如何能给读者呈现出最简单方便的三明治料理，终于完成了这本书。有很多人给予了帮助，基于这些，我才能更加圆满地完成这本书。

　　我想衷心地感谢给予我愉快而又美味童年的父母。也向至今还喊着"妈妈做的饭菜最好吃"的儿子真桥和老公表示感谢。

金胤晶

目　录

 基础课程
Basic Lesson

制作三明治的酱料
Class 01

Class 02　用冰箱里的材料 DIY三明治

Class 03

老少皆爱的经典三明治

美味的特殊三明治

Basic Lesson

基础课程

有很多人认为自己做的三明治不如市场上卖的好吃，但是只要掌握了其基本要领，谁都可以轻松地做出三明治。为了享受到美味的三明治，首先学习一下基本要领吧。

制作三明治之前请先阅读

本书介绍了40多种可在家制作并保存的酱料、容易上手做的三明治和搭配三明治一起喝的6种饮料。请在制作三明治之前先正确了解书上的内容后灵活运用。

Class 01 挑选酱料

酱料起到决定三明治味道和口感的作用，可直接涂抹在面包上食用。本书分门别类地介绍了多种三明治酱料，有基础酱料、水果酱料、香草酱料和市场上流行的酱料。

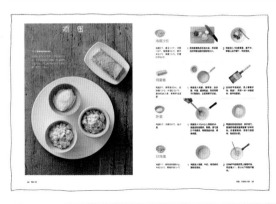

Class 02 灵活运用冰箱里的材料

本书介绍了如何简单快速地运用冰箱里的基础材料或者剩余材料做出三明治，还可了解每种材料的营养价值、处理方法以及保存方法。挑选想要的材料，简单地做出专属于自己的三明治吧。

Class 03·04 制作三明治

从基础三明治到最近流行的人气三明治都一一记录在本书里。挑选想做的三明治，可以按照步骤试着做。在1阶段做酱料和夹馅，然后在2阶段依次叠放面包、酱料和夹馅。可按照图示顺序制作。

三明治的基础——面包

本书介绍了制作三明治用的多种面包。虽然普遍使用最基本的面包，不过最近也逐渐开始使用其他面包。下面可了解健康的黑麦面包、清淡的夏巴塔面包、劲道的面包圈等多种面包的口感和特点以及挑选方法。

面包 Bread

制作三明治时最常用的面包，味道清淡、口感柔软，可搭配各种材料。面包种类繁多，不过最近非常流行用黑麦、燕麦做出的谷物面包。

有放入方形模具里，盖上盖子烘烤出的基础方形面包；还有不盖盖子，面团发酵起来比一般的方形面包更蓬松、表面粗糙的圆形面包；有用全麦做的全麦面包；有比一般面包体积小的迷你面包等。

用面包制作三明治时，一般选择12mm厚度的面包片，制作早午餐或者甜点时，需要用到18~20mm厚度的面包片。购买面包时，需要先确认面包的厚度，或者也可以直接购买整块面包，自己回家用切片刀切成片状。

黑麦面包 Rye bread

黑麦面包是面粉里加入黑麦、燕麦等谷物制作出来的面包。黑麦面包是一种健康型面包，质地稍硬、干燥，口感有嚼劲，且带着一股酸酸的特有的香味，还有放入坚果和水果干的黑麦面包，可根据个人喜好进行挑选。切成合适的厚度放入材料，制作三明治，可谓一举两得，又管饱又有营养。

法式乡村面包 Campagne

Canpagne在法语里意为"乡村"，在面粉里加入黑麦面粉、全麦面粉制作出来的法式面包，就像其名字似的有着淳朴的样子。 因味道清淡，在欧洲常常代替主食每天食用。因加入了纤维质丰富的黑麦和全麦，做出的面包表面粗糙，里面会生成大的气泡。

法式长棍面包 Baguette

是一种长长的法式面包，用面粉、酵母、盐和水制作而成。面包皮坚硬，面包瓤有嚼劲。法式长棍面包越嚼越香，所以只抹黄油酱，也会非常好吃。制作三明治时需要切成斜片状，制作小的手抓食物时，切成圆形片状。有50cm以上的长棍面包，也有30cm以下的短棍面包，还有圆形面包。

夏巴塔面包 Ciabatta

Ciabatta在意大利语里意为"拖鞋"，来源于其扁扁的模样。味道清淡有嚼劲，因在高温下只烘烤了一会儿，所以颜色发白。可只蘸橄榄油食用，不过大多数用于制作三明治。

佛卡恰面包 Focaccia

面粉里加入橄榄油、盐和水后进行发酵，发酵后在上面点缀橄榄、迷迭香、番茄干等，然后烘烤出来的就是意大利佛卡恰面包。因放入了香草，味道浓香，且西红柿也和橄榄油完美地进行了搭配，直接食用也非常好吃。

面包圈 Bagel

未添加鸡蛋、牛奶和黄油进行烘烤，所以脂肪和糖分很少，且卡路里低，是一款深受女性喜爱的像甜甜圈似的面包。先将面团在开水里烫一下，然后进行烘烤，所以口感会更加有嚼劲。或者也可以将水果干、奶酪、坚果等放入面团里，制作不同种类的面包圈。面包圈与奶油奶酪是绝佳搭配，常常将面包圈切半，涂抹各种口味的奶油奶酪，制作三明治。

英式玛芬 English Muffin

为了与普遍的杯子状美式玛芬进行区分，所以称之为英式玛芬，是一种英国的传统面包，呈扁状，且颜色发白。制作时面粉里添加了大量的黄油和牛奶，所以口感劲道且水分很多。英国人常在英式玛芬上搭配香肠、奶酪或者鸡蛋等一起当作早餐食用。

布里欧修 Brioche

法国的布里欧修面包有多种形状，添加了大量的鸡蛋和黄油，所以味道发甜、口感柔滑湿润。与美味料理也能完美搭配，所以法国人常常夹香肠或者与鹅肝一起搭配食用。使用黄油味道浓郁的布里欧修面包制作三明治，可呈现出更加美味的味道哦。

可颂面包 Croissant

在面团夹层里放入黄油进行分层，烘烤出牛角模样的可颂面包，属于酥皮的一种，外面脆脆的，里面软软的。有适当的咸味，什么都不涂抹，干吃也非常好吃。

面包卷 Bread Roll

是一款软软的面包，有淡淡的黄油香味，常与黄油和酱料一起搭配用于早餐。也可以放入内馅，制作三明治、汉堡包等。通常有称之为"热狗面包"的长长的面包卷和小的圆圆的早餐面包卷两种。热狗面包与汉堡包面包口感类似，早餐面包卷能更软一些。

汉堡包面包 Burger Burn

是一款有牛奶味和黄油味的淡淡的面包，通常切半后夹上肉饼和蔬菜制作汉堡包食用。即使不制作汉堡，也可以放入多种材料制作三明治。也有很多在面团上面放上黑芝麻或者瓜子等谷物进行烘烤，味道也很好。

玉米饼 Tortilla

用面粉或玉米粉制作，是一款烘烤成圆圆的、扁扁的墨西哥面
包。以前常用于墨西哥玉米煎饼、油炸玉米饼、墨西哥玉米卷
等传统墨西哥料理的玉米饼，因其味道清淡，能与肉类、蔬
菜和酱料完美搭配，所以常用于三明治、比萨、卷饼等多种料
理。

三明治的味道——奶酪

三明治里放的材料中，可不能落下奶酪。奶酪特有的又香又咸的味道，与其他材料完美地融合，使三明治的味道更上一层楼。可尝试用各种奶酪做出不同的三明治。

奶油奶酪 Cream Cheese

含有大量脂肪，质地细腻，口感微酸。主要涂抹在面包或面包圈上食用，也常用于制作芝士蛋糕。因气味儿和味道比较纯，男女老少都可以没有反感地享受，且也可以与蔬菜、水果一起搭配食用。因为属于未发酵的全脂奶酪，容易变质，必须存放于冰箱冷藏，开封后请尽早食用。

马斯卡彭奶酪 Mascarpone

源于意大利南部地区，属于奶油奶酪的一种，比一般奶油奶酪柔软，没有酸味，带有浓郁的奶香。与奶油奶酪一样，常涂抹在面包、饼干或水果上食用，是做提拉米苏蛋糕的主材料，除此之外，还常用于其他烘焙上。

里科塔奶酪 Ricotta Cheese

是一款用牛奶、柠檬汁和盐可在家简单制作的生奶酪。没有奶酪特有的浓郁香味，带有清爽、新鲜的味道。在制作奶酪的过程中，会产生黄色液体——乳清，为了处理乳清想出了权宜之计，从而得来的食物就是里科塔奶酪。乳清脂肪含量少，却保留了所有的营养成分，将乳清和柠檬汁或者醋一起加热，会产生蛋白质块并浮在水面上，将这些捞起来凝聚起来就完成了里科塔奶酪。可参照本书第67页的具体制作方法。

卡蒙贝尔奶酪 Camembert Cheese

来源于法国小村庄卡蒙贝尔的白霉奶酪，质地柔软，味道香甜，因拿破仑非常喜爱而得名。据说每年有非常多的旅客只是为了品尝最原始的奶酪味道，慕名而来。卡蒙贝尔奶酪种类繁多，从清淡的到口味浓重的，而且不用特殊处理即可直接食用。它有其独有的浓郁香味，且因内部组织柔软，只要手一碰，就容易发生变形。表面被一层白色的霉裹住，手感粗糙稍硬，然而奶酪内部又柔软成奶油似的。常常与面包或薄饼干一起搭配食用，或者穿成串，烤制后食用。

布里奶酪 Brie Cheese

也是来源于法国的奶酪，香味浓郁、味道可口，当之无愧被称作"奶酪之王"。与卡蒙贝尔奶酪相似，质感柔软湿润，且有一层白色的霉裹住了表面。根据发酵程度的差异，其味道和香味也有所不同，且也是从清淡味道到浓郁味道，分成多个种类。

马苏里拉奶酪 Mozzarella

是一款质地柔软、有弹力的生奶酪，即使单吃奶酪，口感也不会油腻。制作卡布里沙拉时需要生的马苏里拉奶酪与西红柿一起搭配使用。加热马苏里拉奶酪，它会变得更加有嚼劲，且有能拉丝的特点，所以非常适合放在烤盘上制作帕尼尼三明治。干燥的马苏里拉奶酪被称为"比萨奶酪"，常用于点缀比萨或者奶酪三明治。

格鲁耶尔奶酪 Gruyere Cheese

来源于瑞士弗里堡州，模样圆圆的、硬硬的、黄黄的格鲁耶尔奶酪与"埃曼塔"并称为可代表瑞士的人气奶酪。比埃曼塔奶酪味道更浓郁、颜色也更黄。切片或研磨后用于三明治、意大利面或者比萨等料理，或者完全融化后用于芝士火锅等料理。

切达奶酪 Cheddar Cheese

大家普遍称为切片奶酪的黄色奶酪，就是以切达奶酪作为主原料制作的加工奶酪。质感柔软、味道香甜、微微发酸，可以单独食用或者夹在三明治、汉堡包里食用。

制作三明治需要的材料&道具

给大家介绍既可以提升三明治味道，又可以提升外观的材料和道具。制作三明治时
没有必须使用的材料和道具，但是如果使用了合适的食材，会变得更加美味、好
看。

培根 Bacon

培根的味道和形状与香肠相近，且制作过程也与香肠非常相似，只有用盐
腌制的方法与使用的肉的部位有所区别。培根主要用猪的肋排部位制作，
呈薄薄的长条状。比香肠味道咸，油分多，所以烤培根时它变得干干的。

西班牙火腿 Jamon

属于西班牙式生火腿，与意大利的风干火腿制作方法、味道和样子都极其
相似。整块切下猪的后大腿后用粗盐腌制，然后进行自然风干，发酵1年
以上。西班牙火腿不用弄熟，可直接食用，使用于三明治、沙拉、开胃菜
等多种料理。

胡椒熏牛肉火腿 Beef Pastrami

是一种牛肉火腿，将牛肉用盐、大蒜和香料等腌制后，在低温下长时间闷
熟，所以有丰富的肉汁和浓郁的味道。主要是夹在面包里，做三明治食
用。

意大利腊肠 Salami

属于意大利的传统香肠，不用煮熟或者熏制，将牛肉和猪肉混合，用盐、
大蒜、香料和油等进行调味，然后在空气中风干而成。主要是切成薄片后
放进三明治或者卡纳佩（Canape）里食用，也可直接当作下酒菜食用。

番茄干 Sun-dried Tomato

属于意大利的一种料理，先将番茄晒干泡在橄榄油里，然后用香草、大蒜
一起腌制而成。切成小片后与三明治一起搭配食用的话，可呈现出清新的
味道。放入意大利面、比萨或者面包等多种食物里，可谓是别有一番风
味。放入各种菜肴里一起食用，也非常好吃。

黄芥末 Mustard

一般的芥末呈深黄色，没有甜味，带有辣辣的、呛鼻的味道。在一般芥末里添加蜂蜜、糖浆等，就会变成甜甜的蜂蜜芥末酱。带有芝麻粒似的黑色芥末籽的芥末属于法式颗粒芥末酱，第戎芥末酱虽与法式颗粒芥末酱相似，却没有颗粒，质地顺滑，来源于法国第戎市。

香釉 Balsamico Glaze

是将香醋变得黏稠的酱料，味道发甜，香味浓郁，洒在三明治或者牛排、沙拉等料理中，会更突出酸酸甜甜的味道。通常都会洒在料理上面，突出造型时使用。

伍斯特酱 Worcestershire Sauce

来源于英国伍斯特，其味道与模样都与酱油相似，且也是长时间发酵而成。主要在料理调味以及提味时使用，尤其与肉类以及海鲜料理是绝配。

搅拌机 Mixer

用于绞碎或者搅拌多种材料，使用起来非常方便。制作酱料或调味料时经常使用，也常用于绞碎蔬菜和豆腐制作蔬菜饼，也可用于制作榨汁饮料。

吐司机 Toaster

通过电加热来烘烤面包的道具，时间匆忙时可快速地进行烘烤，非常便利。主要有上托形式和烤箱形式两种，烤箱形式的还可用于加热凉了的三明治、面包或者其他食材。

三明治烤炉 Sandwich Grill

三明治烤炉除了可用于制作三明治以外，还可用于其他多种料理的烘烤。用三明治烤炉按压进行烘烤，可烤出热乎乎的面包和新鲜的蔬菜，比用烤箱或微波炉制作，口感更加新鲜，且嵌在面包上的烤炉图案，能更加勾人食欲。

三明治面包的烘烤方法

试着练习烤出更好吃的面包。只要烤出的面包好吃，那么做出美味的三明治就成功了一半，根据面包种类，选择合理的烘烤方法以及道具，就能更简便地烤出美味的面包。

【面包】

用煎锅烤面包

主要用煎锅烤扁扁的面包片。需要用氟树脂涂层的煎锅，这样面包才不会粘锅或者烤焦。如果想烤出外焦里嫩的面包，需要预先将煎锅用中火加热后，放上面包，烤至两面变成褐色为止。用黄油烤面包时，就不能预先加热煎锅。若预先加热后再熔化黄油，面包容易烤焦。需要先放上黄油再开火，等黄油熔化后再放面包，才能烤好。做法式面包片时先将一面煎成黄黄的，然后翻面烤另一面时，需要盖盖子，多煎1~2分钟，这样水分就不会流失，能做出湿润的软绵绵的法式面包片。但若想要脆脆的面包，就无须盖盖子。

用三明治烤炉烤面包

使用三明治烤炉，能烤出更加脆脆的口感。但是如果面包片太薄，那烤炉按压的力量就会变小，需要重叠两片面包烘烤，或者塞满内馅后，用三明治烤炉烘烤。

需要预先加热三明治烤炉，放上面包后，还需要用手使劲按压，才能烤好面包。如果想用黄油或者植物油烘烤，可以事先用刷子将其涂抹在烤炉上。

用烤盘烤面包

用烤盘烤面包，能在面包上留下令人食欲大振的烤盘模样，一般塞满内馅后烘烤会更加方便。烤盘上放上面包后用压板使劲按压进行烘烤。没有压板可以用锅铲按压。如果三明治里有很多奶酪，最好使用预热好的烤盘进行烘烤。烤盘上放上面包后开火，然后涂抹酱料，放上奶酪和内馅。这时将烤盘慢慢加热，奶酪也会熔化进材料里。如果想在面包上刻上深的印记，可以预热烤盘3分钟后，放上面包，这样就能做出深深的刻印。

【面包圈】

用烤箱烘烤

烤出最好吃的面包圈的方法是使用烤箱。将面包圈横着对半切，把切面朝上放在烤盘里，然后在200℃烤箱里烘烤3分钟。这样切面就能烤出脆脆的口感，而里面是软软的。

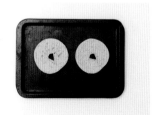

【面包卷】

用煎锅烤

用煎锅烤面包卷时，最好只烤有刀切面那部分，这样才最好吃。先将面包卷切半，煎锅用中火预热，然后将面包卷有切口的那一面朝下烘烤。另一面就不用烤了。面包卷其实可以不烤，直接食用也非常好吃哦！

【法式长棍面包 · 黑麦面包 · 法式乡村面包】

用煎锅、烤盘烧烤

法式长棍面包、黑麦面包、法式乡村面包等坚硬且水分少的面包，是不能在烤箱里烘烤的。

放进烤箱里烤，会变得更加坚硬且口感不好。用煎锅或者烤盘，抹上黄油煎烤是最好吃的。煎烤完后将面包放在凉网上放凉。

【英式玛芬 · 夏巴塔面包 · 佛卡恰面包】

用煎锅烤

英式玛芬、夏巴塔面包和佛卡恰面包都非常有嚼劲，且口感湿润，其最佳烘烤方法是用煎锅稍微煎一会儿。往预热好的煎锅里洒上橄榄油，然后开始烤面包。烤好的面包上需要涂抹黄油或者油料，然后再放内馅，这样水分才不会渗透进去，保持湿润且有嚼劲的口感。

三明治的包装方法

给大家介绍如何把煞费苦心做出来的三明治漂漂亮亮地包装起来。任何人都可以利用家里闲置的一些小物件，简简单单地做出来。

············· 【用羊皮纸包装】 ·············

这是既好看又方便的最简单的包装方法。按照如下方法包装，可以随时随地方便地吃三明治。

1.展开比三明治宽度大3倍的羊皮纸，然后中间放上三明治。
2.把羊皮纸向上折叠，使羊皮纸两端能在中间位置合起来。
3.在中上位置，抓住羊皮纸的两端后，向下一点一点卷起来。
4.把羊皮纸卷到三明治后，然后按压三明治两侧的羊皮纸。
5.将羊皮纸两端折成三角形模样。
6.折成三角形后，将两端向下折叠进去。
7.将两端全部折叠进去的状态。
8.包装完成后，中间切半装起来，会更加方便食用。

【用纸袋子包装】

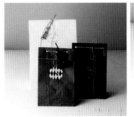

可以用随处都可以找到的各种纸袋子包装，就像刚从咖啡店买来的一样。可以把用木头或者塑料做成的餐具一起放进去。将纸袋子合起来，之后可以在中间位置开孔，用线或者丝带绑起来，这样就完成啦！

【用一次性纸碗包装】

包装三明治时可以利用一次性纸碗。最近去大型超市或者生活用品商店，都很容易买到一次性纸碗。如果已经事先准备了多种材料和大小的一次性纸碗，可以简单地呈现出非常有格调的造型。装进一次性纸碗后，可以用丝带装饰或者粘贴标签。

【用篮子包装】

可以利用小篮子进行包装，放三明治和饮料。非常适合出去野餐时，拿出小篮子，享用三明治。包装精致，可以感受到用心包装的幸福感。

【装饰三明治】

三明治上即使只放上1支漂亮的干花，看起来也会更漂亮；还可以把平平凡凡的干菜捆成1束，用线绑起来挂在三明治上；可尝试把最近流行的金色夹子整出花样，插在信封上，瞬间能提升成非常高级的包装。用多种小物件进行装饰，不仅外形漂亮，也可以让收到的人觉得是一件特别的礼物。

Class 01

制作三明治的
酱料

Basic Spread
基础酱料

在烤好的面包上涂抹基础酱料，就能快速地做出三明治。只要提前做好酱料，就能在上班前在家快速地做出美味的早餐。基础酱料可以和蔬菜、水果、肉等多种材料搭配，起到给三明治提味的作用。

1 香甜奶油奶酪

鲜奶油	1/2杯
马斯卡彭奶酪	50g
白砂糖	1大勺

1 碗里放入鲜奶油和白砂糖，用打蛋器打发至泡沫发硬。打发至将碗倒过来也不会流出来。
2 将马斯卡彭奶酪用勺子碾碎成柔软的状态，然后与1混合。

2 蜂蜜黄油

无盐黄油	60g
蜂蜜	2大勺

1 将黄油放置于室内软化。
2 软化好黄油后，放入蜂蜜一起混合。

若黄油非常硬，也可在微波炉里加热30秒左右。

3 凯撒汁

蛋黄	1个
鳀鱼	1个
蒜泥	1/2大勺
番茄酱	1/2小勺
伍斯特酱	1/2小勺
橄榄油	3大勺

1 剁碎鳀鱼。
2 1与所有剩下的材料混合搅拌。

4 油醋汁

橄榄油	3大勺
红酒醋	1大勺
盐、胡椒面	少量

混合所有的材料。

5 洋葱西红柿蛋黄酱

洋葱	1/8个
番茄酱	2小勺
蛋黄酱	2小勺
白砂糖	1/2小勺

1 剁碎洋葱。
2 往碗里混合1和所有剩下的材料。

6 柠檬蛋黄酱

蛋黄酱	$2^1/_2$大勺
柠檬汁	2小勺
柠檬皮	1/4个分量
白砂糖	1小勺
胡椒面	少量

1 蛋黄酱里放入柠檬汁后混合。
2 1里放入白砂糖、胡椒面、柠檬皮后混合。

7 咖喱蛋黄酱

蛋黄酱	3大勺
蜂蜜	1大勺
咖喱粉	1⅓小勺
柠檬汁	1小勺
盐	少量

1 混合蛋黄酱、蜂蜜和柠檬汁。
2 1里放入咖喱粉和盐后混合。

8 辛辣蛋黄酱

蛋黄酱	2大勺
番茄酱	1/2小勺
辣椒汁	1/3小勺
辣椒粉（chilli powder）	1/2小勺

1 混合蛋黄酱和番茄酱。
2 1里放入辣椒汁和辣椒粉后混合。

9 荷兰酱

蛋黄	2个
融化的无盐黄油	100g
柠檬汁	1大勺
水	1大勺
盐、胡椒面	少量

1 小碗里放入蛋黄和一大勺水。
   然后开中火烧水，把碗放上
   去，一边隔水加热，一边用打
   蛋器打发。
2 往1里一边慢慢地放入融化了
   的黄油，一边用打蛋器打发至
   奶油似的柔软状态。等水烧开
   时，去除蛋黄上起的泡沫，然
   后放入柠檬汁、盐、胡椒面。
做完荷兰酱后如果不立即食
   用，先用保鲜膜包裹至碰触酱
   料表面，然后在温水里隔水保
   存。

10 辣根蛋黄酱

蛋黄酱	2大勺
辣根	1小勺
黄芥末	1小勺

混合所有材料。

辣根蛋黄酱搭配虾或者鸡肉，
   辣味会缓解油腻感，也可用于
   沙拉调料或者拌菜料理。

11 千岛酱

洋葱	1/8个
腌制黄瓜	2块
蛋黄酱	$3\frac{1}{4}$大勺
番茄酱	$1\frac{1}{3}$大勺
蚝油	1/2小勺
腌制黄瓜水	少量

1 剁碎洋葱和腌制黄瓜。
2 混合1和所有剩下的材料。

12 蜂蜜芥末酱

蛋黄酱	2大勺
黄芥末	2小勺
蜂蜜	1小勺
柠檬汁	1小勺

混合所有的材料。

13 番茄酱

去皮番茄罐头	1个
罗勒叶子	10片（或者罗勒粉1小勺）
泰椒	3个（或者特别辣的辣椒1个）
洋葱	1个
蒜泥	1大勺
鸡汤	1小勺
麦芽糖	1大勺
牛至粉	1/2小勺
橄榄油	3大勺
盐、胡椒面	少量

1 加热平底锅后洒橄榄油，放入
  剁碎的洋葱和大蒜翻炒至变
  色，之后放入所有剩下的材
  料，一起翻炒。
2 等酱变黏稠时，转小火，慢慢
  熬。

14 白色调味酱

牛奶	100mL
无盐黄油	10g
面粉	1大勺
肉豆蔻粉	1/3小勺
盐、胡椒面	少量

1. 加热平底锅后，放黄油熔化，
  之后放入面粉在中火下翻炒
  1~2分钟，然后分3次放入温
  牛奶，用打蛋器打发至黏稠状
  态。
2 放入肉豆蔻粉、盐以及胡椒面
  进行搅拌。
如果变硬或者有面粉块，可以
  再放入2大勺温牛奶后，用筛
  子筛一遍。

Fruit Spread

水果酱料

利用新鲜的水果做各种各样的三明治水果酱料吧！可享受多种口味，有带果肉的果酱、水果香浓郁的黄油酱等。还可把水果酱料放在饼干上面，做水果夹心饼干。

1 柠檬酱

柠檬	1个
鸡蛋	1个
无盐黄油	50g
龙舌兰糖浆	1/2大勺
白砂糖	50g

1 清洗柠檬后沥干水分，然后用去皮器刮皮，准备柠檬皮。剩下的柠檬对半切后挤汁备用。
2 煮锅里放入准备好的柠檬汁、鸡蛋、白砂糖和黄油后，在小火下搅拌5分钟左右，注意不要粘锅。然后继续放入柠檬皮后，用打蛋器搅拌2~3分钟至黏稠状态。
3 浓度变稠后关火，放凉，然后混入龙舌兰糖浆。

2 蓝莓奶油奶酪

蓝莓	10g
奶油奶酪	30g
白砂糖	9g

1 将奶油奶酪放入碗里，用勺子碾压成柔滑状态。
2 剁碎蓝莓后，和白砂糖一起放入1里，然后混合搅拌。
如果有蓝莓果酱，那可以不要白砂糖，将蓝莓果酱15g与奶油奶酪进行混合搅拌。

3 杧果酱

切丁的杧果	1杯
葡萄干	1大勺
洋葱末	1/6杯
蒜泥	1/2小勺
生姜末	2/3小勺
颗粒芥末酱	1/2小勺
白砂糖	1/3杯
辣椒面	1/8小勺
白葡萄酒醋	1/6杯

1 锅里放入杧果、白砂糖和白葡萄酒醋后，中火熬煮。
2 白砂糖熔化后，将剩余材料全部倒入并改成小火，一直搅拌至黏稠状态。

4 牛油果酱

牛油果	1/2个
西红柿	1/4个
蛋黄酱	1大勺
蒜泥	1/4小勺
柠檬汁	1/3小勺
盐、胡椒面	少量

1 牛油果去皮去籽后切成小丁，西红柿也切小丁。
2 1里放入所有剩下的材料后，均匀碾碎。

5 栗子酱

栗子	250g
无盐黄油	10g
香草豆	1/8个
蜂蜜	30g
白砂糖	50g
朗姆酒	1小勺
水	1/4杯

1 将栗子放进蒸笼里，大火蒸10分钟，继续中火蒸20分钟，然后关火闷10分钟。
2 将蒸熟的栗子剥皮，然后趁热用叉子碾碎。
3 将2和所有剩余材料放入锅里，小火下搅拌熬煮至白砂糖熔化。

6 草莓酱

草莓	250g
白砂糖	100g
柠檬皮	1小勺
柠檬汁	1大勺
香草精	1~2滴

1 将草莓洗干净后去掉草莓蒂，与白砂糖、柠檬汁和柠檬皮混合，腌制1小时左右。
2 往锅里倒入1的2/3后，一边用勺子碾碎，一边在中火下熬10分钟。
3 2里倒入剩下的1的1/3后，小火继续煮15分钟使酱料变得更浓稠，然后关火混入香草精。

7 柠檬橙子黄油酱

无盐黄油	120g
柠檬皮	1大勺
橙子皮	1大勺
香葱末	$2^1/_2$大勺
欧芹粉末	2大勺
柠檬汁	1小勺
橙汁	1小勺
盐	1/2小勺
胡椒面	少量

1 黄油放置于常温至柔软状态。
2 混合软化后的黄油与剩余材料。
保管柠檬橙子黄油酱时，用羊皮纸卷成3~4cm厚度，放在冰箱保存。

8 西红柿黄油酱

无盐黄油	120g
番茄干	60g
碎迷迭香	1/4大勺

1 黄油放置于常温至柔软状态。
2 水烧开后，倒入番茄干，在中火下熬煮5分钟，然后碾碎。
3 混合黄油和1以及碎迷迭香。
保管西红柿黄油酱时，用羊皮纸卷成3~4cm厚度，放在冰箱保存。

9 柿子柚子酱

柿饼	2个
腌渍柚子酱	2大勺
白葡萄酒	100mL
柑曼怡	10mL

1 将柿饼去籽后，切碎备用。
2 往小锅里倒入1和白葡萄酒、柑曼怡以及腌渍柚子酱，小火熬煮。
3 变黏稠后关火放凉。

10 里科塔蔓越莓酱

里科塔奶酪	100g
蔓越莓干	3大勺
杏仁片	2大勺
核桃	3个

1 将杏仁片和核桃放入煎锅里，不要放油，在小火下翻炒5分钟。
2 剁碎蔓越莓干和炒过的核桃。
3 均匀混合所有的材料。

Hurb Spread
香草酱料

介绍用罗勒、迷迭香、百里香、茴香等只听名字就感觉到香味的各种香草酱料。香草可去除肉类、鱼类、海鲜的异味，给料理提鲜。用营养百分百的香草酱料，给三明治提味。

1 香草奶油奶酪

奶油奶酪	100g
香草末	15g

1 将奶油奶酪放到碗里，用勺子碾碎。
2 往奶油奶酪里混入香草末。
可以放欧芹、罗勒等多种香草，也可以只使用一种。

2 罗勒蒜酱

罗勒	40g
松子	40g
烤核桃	20g
大蒜	2瓣
帕玛森奶酪粉	1/2杯
橄榄油	100mL
盐、胡椒面	少量

1 将罗勒30g、松子、核桃、大蒜和帕玛森奶酪粉放入搅拌机进行搅拌。
2 切碎剩余的罗勒放入1里，用盐和胡椒面调味。

3 欧芹松子蒜酱

剁碎的意大利欧芹	2大勺
松子	15g
蒜泥	1小勺
帕玛森奶酪粉	2大勺
橄榄油	2大勺
盐	1小勺

1 用搅拌机搅碎松子。
2 往1里放入剩余的所有材料，
　然后用搅拌机轻轻搅拌几次。

4 香草蛋黄酱

蛋黄酱	3$\frac{1}{2}$大勺
香草末	1$\frac{1}{2}$大勺

蛋黄酱里放入香草末后进行搅
拌。

5 香葱欧芹黄油酱

无盐黄油	120g
香葱	1个
欧芹末	1大勺
白葡萄酒	1小勺
盐	1小勺

1 黄油放置于常温至柔软状态。
2 香葱剥皮后，洗干净，剁碎备
　用。
3 将软化的黄油用勺子碾碎，然
　后与香葱末和剩余材料混合。

6 塔塔酱

煮鸡蛋	1/2个
洋葱末	1大勺
剁碎的腌制黄瓜	1大勺
蛋黄酱	1/2杯
欧芹粉	1/2大勺
柠檬汁	1小勺
胡椒面	少量

1 剁碎煮熟的鸡蛋。
2 碗里放入碎鸡蛋和剩余材料，
　进行混合。

7 蓝奶酪酱

蓝奶酪	50g
鲜奶油	1大勺
牛奶	1大勺
糖稀	1大勺

混合所有材料进行搅拌。

8 油橄榄酱

黑橄榄	70g
鳀鱼	1个
千金子（caper）	1小勺
蒜泥	1小勺
百里香粉	1小勺
柠檬汁	1大勺
橄榄油	$1\frac{1}{2}$大勺
盐、胡椒面	少量

1 将所有材料放入搅拌机里进行
搅拌。

2 1里放入盐和胡椒面调味。
油橄榄酱可用于意大利面酱，
或者放在薄饼干上搭配红酒食
用。

9 罗勒黄油酱

无盐黄油	90g
罗勒叶子	20片
蒜泥	1/2小勺
橄榄油	2大勺
盐、胡椒面	少量

1 将黄油放置于室内，软化黄
油，并剁碎罗勒。

2 搅拌机里放入黄油和橄榄油进
行搅拌。

3 2里混合蒜泥和罗勒，最后用
盐和胡椒面调味。

10 柠檬茴香黄油酱

无盐黄油	120g
奶油奶酪	60g
柠檬汁	1大勺
柠檬皮	1大勺
欧芹粉	1大勺
茴香末	2大勺
盐	1/2小勺

1 将黄油放置于室内，软化黄油。

2 碗里放入奶油奶酪，用勺子打
散，然后放入所有的剩余材料
进行混合。

Vegetable Spread

蔬菜酱料

将家人们都不爱吃的蔬菜，制作成健康的蔬菜酱料。
味美、健康的蔬菜酱料就这么诞生了。

1 茄子蒜酱

茄子	1个
花生黄油酱	20g
柠檬汁	1大勺
蜂蜜	1/2大勺
橄榄油	1大勺
盐、胡椒面	少量

1 洗干净茄子后，切成0.5cm厚度的薄
  片。预热好的平底锅上洒上橄榄油
  后，在中火下煎茄子的正反两面。
2 搅拌机里放入1和剩余的材料进行搅
  拌，然后用盐和胡椒面调味。

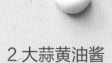

2 大蒜黄油酱

无盐黄油	30g
蒜泥	2小勺
白砂糖	2小勺

1 将黄油放置于常温至软化。
2 将黄油、蒜泥和白砂糖进行混合。

3

4

5

6

3 豆腐奶油奶酪

豆腐	60g
奶油奶酪	60g
豆乳	1大勺
橄榄油	1小勺
盐、胡椒面	少量

1 用刀背碾碎豆腐后，拿棉布裹住豆腐挤出水分。
2 奶油奶酪放入碗里，用勺子打散。
3 2里放入豆腐、豆乳和橄榄油后，均匀搅拌，用盐和胡椒面调味。

4 鹰嘴豆酱

鹰嘴豆（或者鹰嘴豆罐头）	100g
番茄干	20g
蛋黄酱	1大勺
蒜泥	1/2小勺
枫糖浆	1小勺
柠檬汁	1/2大勺
橄榄油	20mL
盐、胡椒面	少量

1 剁碎番茄干。
2 搅拌机里放入除了1以外的所有材料，进行搅拌。
3 2里混合剁碎的番茄干。

5 红扁豆地瓜酱

红扁豆	1/4杯
地瓜	中等大小1个
洋葱末	2大勺
坚果类、蔓越莓干	各2大勺
玉米罐头	2大勺
枫糖浆	1大勺
盐	1/2小勺

1 用开水煮红扁豆10分钟，然后沥干水分。
2 煮熟地瓜后去皮，趁热碾碎备用。
3 把坚果放在没放油的平底锅上翻炒，然后切碎。
4 碗里混合所有的材料。

6 烧烤辣椒酱

番茄罐头	1/2杯
洋葱	1/2个
泰椒	4个
牛至、罗勒、百里香粉	各1/2小勺
番茄酱	1/2杯
伍斯特酱、糖	各1大勺
蒜泥、白砂糖	各1大勺
葡萄籽油	1大勺
胡椒面	少量

1 切碎洋葱和泰椒。
2 平底锅里倒入葡萄籽油，放入洋葱末、泰椒和蒜泥，翻炒至洋葱变得透明为止。
3 2里放入所有剩余材料，在小火下熬煮至浓稠。

Popular Spread

常见酱料

给大家介绍最近人气爆棚的几款大众酱料。可在家制作专属于自己的酱料。根据每个人的口味，稍微调节食材量，不知不觉就会成为特殊的食谱。

1 绿茶牛奶酱

绿茶粉	2大勺
牛奶	1杯
鲜奶油	1/2杯
白砂糖	70g

1 汤锅里放入所有材料，在小火下慢慢熬煮至剩下大约一半的量。
2 量减少为一半之后，关火放凉，保存在消毒了的玻璃瓶里。

2 巧克力酱

黑巧克力粉	200g
榛子	100g
无盐黄油	50g
鲜奶油	125g
白砂糖	1大勺

1 在没放油的平底锅里翻炒榛子，放凉后用搅拌机搅碎。
2 1的搅拌机里放入黑巧克力粉、黄油和白砂糖继续搅拌。
3 把鲜奶油放入汤锅里，在中火下熬煮。烧开后与2混合。

4 花生酱

花生	200g
枫糖浆	1大勺
芥花油	2大勺
盐	少量

1 花生去皮后，用小火在没放油的平底锅里翻炒。
2 搅拌机里放入花生、芥花油、枫糖浆和盐后进行搅拌。

3 红茶酱

红茶茶包	2袋
牛奶	2杯
鲜奶油	1杯
香草豆	1/4个
白砂糖	140g

1 锅里放入牛奶、鲜奶油、红茶茶包和香草豆，在中火下熬煮红茶。
2 拿出红茶茶包扔掉，取出的香草豆切半刮出香草籽后，将香草籽放入1里。
3 火调小后，放入白砂糖继续熬煮至黏稠。

5 焦糖酱

鲜奶油	150g
白砂糖	150g
香草豆	1/2个
水	1大勺

1 汤锅里放入白砂糖和水1大勺，在小火下熬煮至白砂糖变成褐色。记住千万不能搅拌。
2 往新的汤锅里放入鲜奶油和香草豆，继续在小火下熬煮至泡沫浮起为止。然后取出香草豆切半，刮出香草籽，将香草籽继续放入汤锅里。
3 将热好的鲜奶油一边慢慢地倒入1里，一边进行搅拌，并放凉。

用冰箱里的材料
DIY三明治

Class 02

蔬菜&水果

用蔬菜和水果自制三明治

现在给大家介绍如何最简单地享受新鲜的蔬菜和水果。首先了解各种蔬菜和水果的营养价值、处理方法和保存方法等，然后按照下页的具体做法制作。会比你原先预想的三明治，更加简单和美观。

1 土豆

土豆口感柔软，味道清淡美味，富含钙、钾等元素。需要挑选皮薄、光滑的土豆，不要购买长芽或者颜色发青的。在冰箱里保存容易变色、长芽，请保存在阴凉阴暗的地方。如果要使用长芽的土豆，就需要把芽的根部都剔除才能避免中毒。

2 南瓜

南瓜含有丰富的维生素、膳食纤维、矿物质等营养成分，口感柔软、味道香甜，非常适合做三明治的夹馅。南瓜易消化吸收，卡路里低，是男女老少都喜爱的万能材料。挑选时首选圆圆的、有光泽的且坚硬的南瓜。

3 蘑菇

蘑菇富含蛋白质和维生素，营养价值高，卡路里低，是适合所有人的健康食材。特有的香味和味道，可用于多种料理。蘑菇的共同特征是具有嚼劲的口感，根据种类的不同，其味道和形状都稍微有些差异。挑选时，需要选择颜色鲜明的、有光泽的蘑菇。

 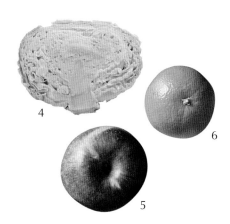

4 卷心菜

具有脆脆的口感和甜味，直接食用也毫不逊色。其特征是越熟甜度越高，可蒸煮或炒着吃。富含维生素U，对胃溃疡和胃炎有好处，且可预防老化、促进新陈代谢。应选择有外层绿叶的、拿起来时沉甸甸的卷心菜。

5 苹果

苹果的营养丰富，味道酸甜，是我们最常吃的水果之一。苹果的果酸可抑制身体里的炎症，且有丰富的葡萄糖可代替早餐食用，有助于大脑思维活动。要挑选无伤痕的和果蒂切面新鲜的苹果。需要用纸或塑料包起来保存在冰箱或阴凉的地

方。

6 橙子

橙子富含维生素C，味道清新。因水分充足，常用于制作饮料，也用于三明治夹馅。挑选橙子时，选择颜色鲜明，整体形状均匀，且相对较沉的橙子。最好保存在室内通风处。

土豆和南瓜

土豆和南瓜主要是蒸熟碾碎后
放入三明治使用，即使不放其
他调料只添加盐、蜂蜜和奶酪
等也是非常美味的。根据个人
喜好，可以换成其他面包制作
三明治。

土豆泥

土豆2个，无盐黄油15g，鲜奶油2大勺，牛奶适量，盐和胡椒面少量

1 土豆去皮切半后放入锅里，然后添加水和盐煮15～20分钟。土豆煮熟后沥水备用。

2 煮熟的土豆趁热用叉子碾碎，然后放入常温融化的黄油和鲜奶油。如果感觉干的话，添加牛奶调节浓度，用盐和胡椒面调味。

黄油炒土豆

土豆1个，洋葱1/2个，无盐黄油15g，盐和胡椒面少量

1 土豆去皮后切成扁扁的半圆形片，然后放入冷水里浸泡，去除淀粉。洋葱切丝备用。

2 预热好平底锅，熔化黄油后，先添加1里的土豆翻炒，之后放入洋葱继续炒。等洋葱变色后添加1大勺水继续翻炒至炒熟。用盐和胡椒面调味。

蒸南瓜

南瓜1/4个

1 洗干净南瓜皮后，对半切开，用勺子挖出南瓜籽。

2 蒸锅里倒入水后，蒸笼里铺一层棉布，放上南瓜，蒸熟。

蜂蜜南瓜

南瓜1/4个，蜂蜜$1\frac{1}{2}$大勺，蛋黄酱$1\frac{1}{2}$大勺，牛奶适量

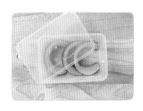

1 挖出南瓜籽后，微波炉里焖熟9分钟。

2 焖熟南瓜后，用勺子挖出南瓜并碾碎，然后与蛋黄酱、蜂蜜混合。如果感觉太干，可以加牛奶调节酱料浓度。

卷心菜&蘑菇DIY三明治

卷心菜口感清脆、味道略甜，可直接把生的卷心菜切丝利用，也可在本书中学习其料理方法。大家都非常熟悉蘑菇的味道，只要再加点调味料，就可以更加美味地食用。

清脆卷心菜

卷心菜 150g

1 剥下卷心菜的最外层绿叶后，清洗干净，然后切细丝备用。

2 将切成丝的卷心菜泡在冰水里，食用前沥干水分即可。

德国酸菜

卷心菜 250g，洋葱50g，醋100mL，白砂糖1大勺，盐1/2小勺，月桂树叶子1片

1 将卷心菜和洋葱尽可能切成最细的细丝，然后用盐和醋腌制10分钟左右。往腌制了的卷心菜和洋葱里加糖搅拌。

2 加热平底锅后，放入1和月桂树叶子，在中火下翻炒。完成后装入密封容器里，冷藏保存。

辣炒蘑菇

杏鲍菇1个，香菇1个，洋菇2个，泰椒2个，蒜泥1小勺，橄榄油1大勺，盐和胡椒面少量

1 用毛刷清理掉杏鲍菇、香菇、洋菇上的脏东西，然后按照蘑菇样子切成薄片。

2 预热好平底锅，洒上橄榄油，先炒蒜泥，后续加入切好的蘑菇，在大火下翻炒。最后撒上泰椒丁和盐以及胡椒面。

香草炒蘑菇

蘑菇130g，无盐黄油15g，百里香末1/2小勺，橄榄油1大勺，盐和胡椒面少量

1 加热好平底锅后，放上黄油和橄榄油，等黄油熔化后放入百里香末继续翻炒。

2 蘑菇去除脏东西后按照形状切成薄片，然后放入1里继续翻炒。用盐和胡椒面调味。

橙子和苹果

橙子颜色鲜黄，可增强食欲，虽然直接食用也非常好吃，不过用火加热或者腌渍的话，可以长期保存起来，随时食用。也可以尝试用苹果制作，味道将更特别。

橙子酱

橙子2个，白砂糖150g，柠檬汁1大勺，烘焙苏打适量

1 用苏打搓橙子，洗干净橙子皮，然后沥干水分。将一个橙子去皮后榨汁，橙子皮应尽可能去除白色部分后切丝。另一个橙子切成0.5cm厚度的薄片。

2 往厚的煮锅里，放入1和白砂糖，在大火下熬煮，等到锅边部位烧开后，将火调小，慢慢熬至黏稠状态。最后放入柠檬汁进行搅拌后，关火放凉。

腌渍橙子

橙子2个，白砂糖200g，黄砂糖100 g，苏打适量，粗盐少量

1 用苏打搓洗橙子后，切成片状，然后与250g砂糖混合搅拌。

2 往消毒的玻璃瓶里放入1，在上面撒上剩余的砂糖，隔绝空气，然后盖上盖子在室温下放置半天左右，再放入冰箱发酵3天。

蜂蜜黄油苹果

苹果1/2个，无盐黄油15g，枫糖浆1大勺，桂皮粉1/4小勺

1 洗干净苹果后，切成1cm厚度的半月状。

2 加热好平底锅后放上黄油熔化，然后用中火将1正反两面煎好后，洒上枫糖浆慢慢熬煮。最后撒上桂皮粉。

腌渍苹果

苹果2个（600g），白砂糖100g，黄砂糖200g

1 洗干净苹果后，切成薄薄的半月状，然后用250g糖进行搅拌。

2 往消毒的玻璃瓶里放入1，然后在上面撒上剩余的砂糖，隔绝空气，然后盖上盖子在室温下放置半天左右，再放入冰箱发酵3天。

材料_1个分量

黑麦面包2片

蜂蜜蛋黄南瓜酱 3大勺

切达奶酪片2片

酱料
蛋黄酱 15g

将南瓜碾碎后与蜂蜜、蛋黄酱混合，然后夹进面包里，用烤盘使劲按压，就成了味道和模样都绝佳的三明治。在这基础上，加上香香的切达奶酪，可谓是锦上添花。

1 准备蜂蜜蛋黄南瓜酱。

2 在黑麦面包的一面抹上蛋黄酱，放上切达奶酪，然后平平地抹上蜂蜜蛋黄南瓜酱，最后盖上另一片面包。

3 将2放在三明治烤炉上，烘烤至奶酪熔化。

Sweet Pumpkin Sandwich

南瓜三明治

Orange Marmalade Sandwich

橙子果酱三明治

材料_1个分量

面包2片

奶油奶酪2大勺

橙子酱 4大勺

这款三明治适合搭配红茶一起吃。可以多做些橙子果酱，不仅用于三明治，也可以用于制作橙子茶。

1 准备橙子果酱。

2 将保鲜膜切成比面包片一圈大3cm的大小后平铺，然后在上面放上切除四周的面包片。

3 面包片上涂抹奶油奶酪后，上面继续抹橙子果酱。

4 用保鲜膜裹住三明治，把三明治滚成卷状，进行固定，然后放进冰箱里加固，之后切成适当大小。

肉和海鲜

用肉和海鲜自制的三明治

请用冰箱里的肉类和海鲜，制作简单的三明治。任何食材都可以。只要掌握了基本的处理方法和制作方法，就可以简单快速地制作专属于你的三明治。

1 鸡胸脯肉

鸡胸脯肉没有骨头只有肉，脂肪少，却有丰富的蛋白质，是有助于减肥的健康食品。因其清淡的味道，和任何材料都可搭配，可用于多种料理。挑选时需要选择肉质新鲜有弹力的，呈鲜红色，有光泽的鸡胸脯肉。和其他肉类相比，鸡肉容易变质，所以买来后需直接进行料理，如果不能直接做的话，需要冷藏保存。

4 牛外脊肉

指牛腰椎两侧的长条状肉，在里脊部位的最后一部分，外连皮下脂肪，内连腰椎。肉瘦，脂肪丰富，肉质细嫩。红色鲜明，有大理石花纹的牛外脊肉是最好的。主要用于三明治或者烧烤。

5 牛前腱子肉

在牛锁骨里侧的前腱子肉，脂肪含量少，几乎没有脂肪，有大量的肌肉，所以口感劲道，以至于能感觉到有些难嚼。但是肉汁丰富，牛肉味足，可享受到牛肉的纯正味道。主要用前腱子肉熬汤或者烤肉、做牛肉饼。

7 虾

虾富含人体所需的氨基酸、甲壳质、钾、牛磺酸等营养成分，从制作虾酱用的小虾米到做菜用的大虾、中虾，种类非常丰富。虽然胆固醇高，但是只要不过多食用，就没有特别大的影响。身体呈透明，有光泽，且外壳坚硬的是好虾。

2 鸡里脊肉

是在鸡翅膀下面的细细的长长的一块肉，肉质比鸡胸脯肉嫩一些。肉上有光泽，呈鲜红色为最新鲜的状态。与牛肉和猪肉相比，容易变质，所以拆开包装后需立即使用。

3 猪里脊肉

猪里脊肉是猪脊椎骨上的条状嫩肉，口感润滑。主要用于制作炸猪排，烤肉时也可以使用。颜色为鲜红色，有弹力的是比较新鲜的，不立即使用时，需冷冻保存。

6 牛臀肉

指在牛臀部里侧的红色瘦肉部分，牛臀肉几乎没有脂肪，味道清淡，口感柔嫩。主要用于制作生拌牛肉，也常用于炒杂菜、牛肉饼或者做肉泥用。

8 鱼类白肉

鳕鱼、明太鱼和鲷鱼等白肉与其他鱼肉相比，脂肪含量低，且鱼腥味少，口味清淡。卡路里也非常低，常用于制作减肥餐。肉很结实，适合切成薄片进行烘烤，或者蒸熟后放上酱料食用。但是若加热时间过长，易导致肉变得硬硬的，所以需要注意。

9 三文鱼

主要做成熏制三文鱼来食用，肉呈红色。B族维生素非常丰富，有助于缓解疲劳和皮肤美容，常常用于制作三文鱼排、沙拉或者三明治。外观呈银色，鱼鳞没有损伤或掉落，肉质有弹性是最佳状态。切的断面呈鲜明的粉红色，且肉质透明的为新鲜的三文鱼。

鸡肉&猪肉三明治

平时经常食用的鸡肉和猪肉，根据其搭配酱料的不同，能呈现出截然不同的味道。将熟悉的材料，用特殊的方法，制作专属于你的DIY三明治吧！

咖喱鸡肉

鸡胸脯肉1块（100g），清酒1/2大勺，胡椒粒6粒，咖喱蛋黄酱3大勺，盐少量

1 开水里放入鸡胸脯肉、清酒、胡椒粒和盐煮4分钟，然后取出放凉，撕成小块。

2 1里放入咖喱蛋黄酱，均匀搅拌。

鸡肉烧烤

鸡里脊肉3块（100g），葡萄籽油1/2大勺，盐和胡椒面少量烧烤酱

番茄酱1大勺，酱油2小勺，白砂糖2小勺

1 预热好的平底锅里，洒上葡萄籽油，然后放上鸡里脊肉，撒盐与胡椒面，在小火下煎烤正反面3分钟左右。

2 鸡里脊肉用手撕成小块，用烧烤酱搅拌均匀，然后用中火翻炒。

炸猪排

猪里脊肉1块（120g），鸡蛋1个，面包屑1/3杯，面粉1大勺，盐和胡椒面少量，葡萄籽油适量

1 把猪肉用盐和胡椒面调味腌制20分钟左右，然后依次蘸上面粉、蛋液、面包屑。

2 将1放进180℃的葡萄籽油里，炸熟后放在厨房纸巾上去除油分。

生姜烤猪肉

猪里脊肉150g，洋葱1/3个，生姜末2小勺，酱油$1^1/_2$大勺，清酒2大勺，葡萄籽油少量

1 猪肉切成适当大小，洋葱切丝。将生姜末、酱油、清酒混合制作酱料，然后与猪肉和洋葱混合腌制20分钟。

2 预热好平底锅，洒上葡萄籽油，然后放上所有腌制好的猪肉和酱料进行煎烤。在小火下煎至酱料融进肉里。

牛 肉

牛肉不管用何种烹饪方法，都能和三明治完美搭配。撒上盐和胡椒面烤熟后夹在面包里即可！用多种酱料秘制牛肉后烧烤，会更好吃。

炒牛肉

牛前腱子肉150g，洋葱1/3个，葡萄籽油少量

炒肉酱

蒜泥1/2小勺，葱末1/2小勺，酱油1大勺，香油1/2大勺，白糖1/2小勺，胡椒面少量

1 把牛肉切成适当大小，洋葱切丝，然后与炒肉酱材料全部混合搅拌。

2 预热好平底锅后，洒入葡萄籽油，然后放上腌制好的牛肉翻炒至没有水分。

炸肉排

牛上腰肉150g，鸡蛋1个，洋葱1/5个，面粉1大勺，面包屑1/3杯，盐和胡椒面少量，葡萄籽油适量

1 先用搅拌器搅碎洋葱后抹在牛肉上面，腌制10分钟后，再刮掉所有的洋葱，然后用盐和胡椒面调味。

2 将1依次蘸上面粉、蛋液和面包屑，然后放进180℃的油里炸熟。炸完后用厨房纸巾吸取油分。

汉堡牛肉饼

牛肉末120g，猪肉末80g，大葱5cm1根，洋葱1/5个，大蒜3瓣，面包屑2大勺，白砂糖1/4大勺，清酒1大勺，盐和胡椒面少量

1 剁碎大葱、洋葱和大蒜后，与牛肉末、猪肉末、清酒、白砂糖、面包屑、盐、胡椒面混合，然后制作成肉饼团。

2 制作圆圆的肉饼，使中间部位比四周稍扁，然后平底锅里洒入葡萄籽油，放上肉饼煎熟。

大 虾

把虾简单处理后，炸熟或者抹上酱料进行烘烤，又或者剁碎后做成虾饼，都是三明治的绝佳材料。如果使用干净的已经处理好的基围虾，会方便很多。可以了解多样的料理方法，自己制作。

煮虾

基围虾10只，盐少量

1 把基围虾放凉水里冲洗。

2 锅里放入1杯水和少量盐进行熬煮。水开后放入基围虾、稍微烫几下，然后捞出沥水。

辣炒大虾

大虾6只，红椒粉2/3小勺（或者辣椒粉2/3小勺），葡萄籽油1/2小勺，盐和胡椒面少量

1 去除大虾的头部和外壳，然后用牙签去除虾线。在虾背部切口，翻成平面。

2 预热好的平底锅里洒葡萄籽油，放上大虾，然后撒上辣椒粉、盐以及胡椒面，把虾煎熟。

炸虾

大虾8只，鸡蛋1个，面粉2大勺，面包屑1/3杯，盐和胡椒面少量，葡萄籽油适量

1 去除大虾的头部和外壳，用木条把大虾串成一条线。然后撒上盐和胡椒面腌制20分钟。

2 把1依次蘸上面粉、蛋液、面包屑，然后在160℃的葡萄籽油里炸2次。

虾饼

基围虾150g，蛋白1/2个，罗勒粉1小勺，红椒粉1小勺，葡萄籽油1大勺，盐和胡椒面少量

1 洗干净基围虾后，与蛋白、红椒粉、罗勒粉、盐、胡椒面混合，制作面团。

2 预热好平底锅后洒上葡萄籽油，然后挖1勺1，摊在平底锅上，煎成小圆饼。

三文鱼和白色鱼肉

三文鱼和白色鱼肉可以使三明治更加特别，且也比想象中更容易制作。可了解三文鱼和白色鱼肉的制作方法，与多种面包和酱料一起搭配，享受到既美味又营养丰富的三明治。

烤三文鱼

三文鱼150g，白葡萄酒1大勺，蜂蜜1/2小勺，柠檬汁1小勺，橄榄油1勺，盐和胡椒面少量

1　用白葡萄酒腌制三文鱼5分钟左右。

2　加热平底锅后洒上橄榄油，然后放上1，用蜂蜜、柠檬汁、盐、胡椒面调味后，把三文鱼正反面都煎熟。

秘制柚子三文鱼

熏三文鱼100g，洋葱1/8个柚子酱
腌渍柚子1小勺，柠檬汁1小勺，橄榄油1小勺，盐和胡椒面适量

1　混合所有的柚子酱材料。

2　洋葱切丝后，与熏制三文鱼和柚子酱混合搅拌。

千金子三文鱼

熏制三文鱼100g，千金子5个，白砂糖1/4小勺，柠檬汁1小勺

1　剁碎千金子后，与柠檬汁、白砂糖均匀混合。

2　熏制三文鱼上放上1，腌制10分左右。

炸白色鱼肉

白色鱼肉150g，炸粉50g，碳酸水50mL，盐和胡椒面少量，葡萄籽油适量

1　混合碳酸水和炸粉，制作面糊。

2　用盐和胡椒面腌制白色鱼肉后，蘸上面糊，然后在180℃的葡萄籽油里炸2次。

材料 1个分量

夏巴塔面包 1个
烤肉用牛肉 150g
蔬菜（荠菜、野蒜等）20g
春白菜2张（或者圆生菜2张）
蜂蜜芥末酱 1大勺
橄榄油 1/2小勺

烤肉酱
蒜泥 1/2小勺
葱末 1/2小勺
酱油 1大勺
香油 1/2大勺
白砂糖 1/2小勺
胡椒面少量

酱料
蛋黄酱1大勺

辣辣的野蒜和香香的春白菜等特有的味道与香味绝顶的春季蔬菜，以及有着甜甜味道的烤牛肉一起搭配，制作而成这款韩式三明治。

1 先将牛肉切成小片后，与烤肉酱混合，然后在平底锅上洒上橄榄油，炒熟牛肉。

2 夏巴塔面包切半后，在预热好的平底锅里煎刀切面，然后放凉，之后在煎熟的面上涂抹蛋黄酱。

3 抹了蛋黄酱的面包上，放上春白菜、烤牛肉，然后撒蜂蜜蛋黄酱，之后放上处理好的春季蔬菜。最后盖上另一片面包。

Spring Greens beef Sandwich

春季蔬菜
烤牛肉三明治

面包圈1个
熏制三文鱼3片
圆生菜 2片
洋葱1/8个
千金子4个
山葵酱1大勺

酱料
辣根1小勺

只要在刚烤好的面包圈上放上预先腌制在千金子里的熏制三文鱼即可！是可在匆忙的早晨迅速制作食用的简单的三明治。

1 洋葱切丝后在凉水里泡10分钟后，去除水分，然后把圆生菜洗净撕成小块。

2 将面包圈横着切半后，在预热好的平底锅里煎刀切面或者在烤箱里烘烤。

3 烤完面包圈后放凉，然后在烤熟的一面抹上辣根。

4 面包上依次放圆生菜、熏制三文鱼、洋葱丝、千金子后，撒上山葵酱，之后盖上另一片面包圈。

Smoked Salmon Bagel

熏制三文鱼面包

鸡蛋、奶酪和火腿

利用鸡蛋、奶酪、火腿自制三明治

用家里常备的鸡蛋、奶酪和火腿，也可以做出好吃又
漂亮的三明治。鸡蛋、奶酪和火腿都是常用的食材，
不过其种类非常丰富，可先了解其种类和制作方法。

1. 鸡蛋

鸡蛋具有丰富均衡的营养，且又非常好吃，而且价格低廉，可谓是深受大家喜爱的国民食材。鸡蛋壳粗糙无光泽，且打碎时蛋黄呈凸起状，蛋白不散开的是新鲜的鸡蛋。鸡蛋很容易串味，所以不能和海鲜、洋葱、泡菜等味道重的食品一起放置。

2. 奶油奶酪

属于未发酵的生奶酪之一，含有大量脂肪，口感像奶油似的柔滑，有非常浓郁的奶酪味道。几乎没有咸淡，带有微酸的气味。生奶酪因未进行发酵，所以可享受到其新鲜的味道，不过也有容易变质的缺点。购买奶油奶酪时，需确认有效日期，只购买需要的量，及时食用。剩余奶油奶酪应该用保鲜膜裹起来后，冷藏保存。

6. 火腿

用肉加工而成的火腿，根据其使用的材料与形状的不同，分成很多种。最普遍的是红色的火腿，用鸡肉、火鸡等制作的火腿为白色。火腿可谓是三明治的常客，一般呈块状，需要切成片状来使用，也可以直接购买片状火腿。用平底锅煎一下，有稍微油腻的口感以及烟熏味，会更加好吃。

3. 里科塔奶酪

里科塔奶酪有清爽的味道和香味以及在嘴里融化的口感，属于生奶酪之一，只要家里有牛奶，任何人都可以简单制作。做完后直接享用时是最好吃的，也可以直接放在沙拉上或者夹在面包里制作三明治食用。还可以用来制作甜点。

4. 生马苏里拉奶酪

马苏里拉奶酪是常出现在意大利料理中的生奶酪，口感筋道，味道清新。刚买过来时会有冷凝水沾在奶酪上，所以使用前需要先去除水分。不加热直接食用生奶酪也很好吃，但是用煎锅或者烤箱再烤一下，会更加突出香味。可以搭配新鲜水果和美酒一起享用。

5. 帕玛森奶酪

是以法国帕玛森为中心区域生产出的奶酪，主要包装成块状蛋糕模样进行销售。手感坚硬但是很容易碎，所以常用于磨粉或者切片后放在料理上面。市场上有销售磨成粉的，不过自己直接买块状后磨粉，其味道和香味会更加浓郁。

7. 香肠

将剁好的猪肉或者牛肉放进肠衣或者人造肠衣里，进行蒸煮或者烟熏。口感有嚼劲，烤熟后可与其他食品搭配食用，如夹进面包里制作热狗或者三明治。

鸡 蛋

鸡蛋味道清淡，不管是煮鸡蛋、炒鸡蛋还是煎鸡蛋，怎么做都非常好吃。可以和多种材料一起搭配，制作三明治。

鸡蛋沙拉

鸡蛋2个，黄瓜1/4个，洋葱1/8个，蛋黄酱2大勺，黄芥末2小勺，蜂蜜1小勺，柠檬汁2/3小勺

1 把鸡蛋煮熟后切成大块，然后将黄瓜和洋葱也切成相同大小。

2 碗里放入1和蛋黄酱、黄芥末、蜂蜜以及柠檬汁，然后混合。

鸡蛋卷

鸡蛋2个，海带汤30mL，白砂糖1小勺，料酒2/3小勺，酱油和盐少量，葡萄籽油适量

1 碗里放入鸡蛋、海带汤、白砂糖、料酒、酱油和盐，然后用筷子打散搅匀，之后用筛子过滤。

2 加热好平底锅后，洒上葡萄籽油，倒进1，然后一点一点卷起来，制作鸡蛋卷。

卧蛋

鸡蛋2个，白醋3大勺，盐少量

1 锅里放入10cm以上深度的水，放进盐和白醋后，熬煮。汤勺里打个鸡蛋后，稍微泡进水里，煮熟鸡蛋。

2 等蛋白变成白色后，拿开汤勺，直接把鸡蛋放进锅里煮1分钟左右。卧蛋煮熟后，用汤勺捞起来，泡进凉水里。

炒鸡蛋

鸡蛋1个，帕玛森奶酪粉4g，牛奶1大勺，葡萄籽油1小勺

1 碗里放入鸡蛋、牛奶、帕玛森奶酪粉后混合。

2 加热好平底锅后洒上葡萄籽油，然后倒入1，在小火下用筷子翻炒。

奶酪和火腿

做三明治时常利用口感柔软的奶酪。利用家里的奶油奶酪，搭配一两种材料后抹在三明治上，可呈现出完全不同味道的三明治。火腿和香肠也如此。可稍微进行烹饪，更加突出其味道。

里科塔奶酪

牛奶1L，鲜奶油400mL，蜂蜜1大勺，盐1大勺，柠檬汁1个分量

1 锅里放入牛奶、鲜奶油、蜂蜜、盐和柠檬汁，在中火下熬煮。等牛奶开始凝固后，用勺子不时地搅拌。

2 等牛奶开始凝固至能粘在木勺上的状态后，关火。用棉布裹住挤出水分，然后用沉的东西直接压在棉布上半天。做成奶酪后冷藏保存。

蓝莓奶油奶酪

奶油奶酪200g，蓝莓酱40g，核桃3粒

1 先把奶油奶酪置于常温下放软，核桃切半后在锅里翻炒，然后切碎。

2 用勺子碾压奶油奶酪后，与蓝莓酱、核桃均匀混合。

火腿土豆沙拉

火腿50g，土豆1个，黄瓜1/4根，洋葱1/8个，无盐黄油5g，蛋黄酱1大勺，盐和胡椒面少量

1 土豆削皮煮熟后，趁热碾碎，与黄油和蛋黄酱混合搅拌。

2 先将火腿切成长宽高1cm的方块，黄瓜和洋葱切成更小一点，然后放入1里混合，用盐和胡椒面调味。

烤香肠

香肠1个，葡萄籽油适量

1 加热平底锅后倒入葡萄籽油，然后煎香肠。

2 1里倒入1cm高的水，然后煮熟至水全部蒸发。

材料_1个分量
可颂面包1个
鸡蛋沙拉1/2杯

只要有鸡蛋沙拉，放入什么样的面包里都能立即成为三明治。可夹进黄油味浓郁的可颂面包里。味道和模样都是一流的。

酱料
蛋黄酱1大勺

1 先把可颂面包切半，在刀切面上薄薄地抹上蛋黄酱。

2 在抹了蛋黄酱的面包上放上鸡蛋沙拉，然后用另一片面包盖上。

可以一起放进圆生菜和薄薄的火腿。

Egg Sandwich

鸡蛋三明治

火腿土豆沙拉三明治深受孩子们的喜爱，去野餐时可携带。面包上厚厚地涂抹酱料，然后放进夹馅，即使过一段时间也不会变潮，保持柔软的口感。

1 往2片面包的一面上各薄薄地涂抹蛋黄酱。

2 往抹了蛋黄酱的一片面包上，放上火腿土豆沙拉，然后用另一片面包盖上。

若不立即食用三明治，可在抹完蛋黄酱后再涂抹一次黄油，保持湿润的口感。

Ham Potato Sandwich

火腿土豆
沙拉三明治

Class 03

老少皆爱的
经典三明治

Easy
SANDWICH 01

人气三明治

可尝试自己亲手制作每天都想吃的三明治。从准备馅料、烤面包、组合、完成到包装为止，依次按照顺序给大家进行介绍，任何人都可以做出既简单又美味的三明治。即使在匆忙的早晨或者饥肠辘辘的夜晚都可以简单地做出来。

这是一款放了培根、圆生菜、西红柿的基本
三明治。烤完培根后，需要仔细去除油分，
这样放凉后才不会感到油腻。

BLT三明治

1.准备

1　　　　　　　2　　　　　　　3

4

材料_1个分量
面包片 2片
培根 2片
西红柿 1/2个
圆生菜 2片

酱料
无盐黄油 10g

洋葱西红柿蛋黄酱1大勺
蛋黄酱 2小勺
洋葱末 2小勺
番茄酱 2小勺
白砂糖 1/2小勺

1 混合所有的洋葱西红柿蛋黄酱材料，制作酱料。
2 在预热好的煎锅里烤完培根后，用厨房纸巾去除油分，然后切半。
3 将西红柿切成1cm的厚度，洗干净圆生菜后沥水，然后撕成适当大小。
4 在预热好的煎锅里，煎烤面包的正反两面后放凉。

2.组合

 + + + + + +

面包　　　黄油5g　　　圆生菜　　　培根　　　西红柿　　洋葱西红柿蛋黄酱　抹了5g黄油
　　　　　　　　　　　　　　　　　　　　　　　　　　　　　　　　　的面包

可在家制作美味的金枪鱼三明治。先用筛子去除金枪鱼的油分，然后与酸酸的柠檬蛋黄酱混合，就能做出没有油腻感，非常好吃的三明治。

金枪鱼三明治

1　　2　　3

4　　5　　6

7

材料_1人份
可颂面包 1个
金枪鱼罐头 1/2罐
圆生菜 2片
芹菜 6cm 1条
红洋葱 10g
黑橄榄 10g

柠檬蛋黄酱 3大勺
蛋黄酱 2$\frac{1}{2}$大勺
柠檬汁 2小勺
柠檬皮 1/4个分量
白砂糖 1小勺
胡椒面 少量

1 混合所有的柠檬蛋黄酱材料，制作酱料。

2 用筛子去除金枪鱼的油分。

3 洗完圆生菜后，撕成适当大小，然后将芹菜切碎。将红洋葱切丝，黑橄榄切成薄片。

4 碗里放入去除油分的金枪鱼、芹菜、红洋葱、黑橄榄和柠檬蛋黄酱2大勺，然后搅拌。

5 将可颂面包切半，不过不要切到根部，保证一端是连着的状态。

6 往可颂面包内侧均匀涂抹柠檬蛋黄酱1大勺。

7 往抹了酱料的可颂面包里面，先放上圆生菜，然后放上4，完成。

这是款日式三明治，面包中间夹了炸得脆脆
的猪排，配上美味的酱料。需要将炸猪排酱
料做得稍微甜一些，才容易搭配。如果能直
接将芝麻磨成粉添加进去，会更加好吃。

炸猪排三明治

1.准备

1

2

3

材料_1个分量
夏巴塔面包 1个
卷心菜 40g
炸猪排酱 1大勺
芝麻粉 1小勺
盐、胡椒面 少量

炸猪排
猪里脊 120~150g
鸡蛋1个
面粉 1大勺
面包屑 1/3杯
葡萄籽油 适量

酱料
无盐黄油 10g

4

1 将卷心菜切丝后泡在凉水里10分钟，然后沥水备用。

2 猪肉用盐和胡椒面调味，腌制20分钟，然后依次蘸面粉、鸡蛋液和面包屑。

3 将蘸完面包屑的猪肉放进180℃的葡萄籽油里，炸成脆脆的口感。炸完猪排后用厨房纸巾去除油分。

4 将夏巴塔面包长长地切半，然后用平底锅煎烤面包的刀切面。

2. 组合

+

+

+

+

+

抹了5g黄油的
夏巴塔面包

炸猪排

炸猪排酱

芝麻粉

卷心菜丝

抹了5g黄油的夏巴
塔面包

刚刚烤好的奶酪三明治，将会给你的眼睛、
鼻子和嘴等五官都带来极致的幸福感。最好
用帕尼尼烤炉用力按压制作，不过没有的话
也可以用平底锅替代，制作时上面放一个沉
的盘子，然后按压即可。

烧烤奶酪三明治

材料_1个分量
酵母面包 2片 或者
黑麦面包（1cm厚
度）2片
比萨奶酪 1/2杯
切达奶酪 1大勺
格鲁耶尔奶酪 1大
勺
大孔奶酪 2大勺
香葱 1/2个
融化的无盐黄油
10g
胡椒面 少量

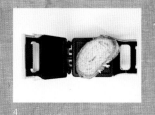

1 将所有准备的奶酪切成细丝。
2 香葱切末，放入碗里，与所有的奶酪丝、胡椒面进行混合搅拌。
3 酵母面包上放上2，然后盖上另一片酵母面包。
4 预热好的帕尼尼烤炉上，先抹上黄油，然后放3，按压烘烤至奶酪熔化。

Croque Madame

法国女士三明治

Croque Monsieur

法国先生三明治

法国女士三明治

在法国先生三明治上放上荷包蛋就是法国女士三明治，因为上面的荷包蛋就像是女士带了帽子的模样。

材料_1个分量
布里欧修面包（1.5cm厚度）2片，片状香肠1片，片状格鲁耶尔奶酪2片，鸡蛋1个，葡萄籽油1小勺，盐、胡椒面适量
酱料　无盐黄油 10g
白色调味酱 3大勺　无盐黄油15g，牛奶100mL，面粉1大勺，肉豆蔻粉 1/3小勺，盐适量

1 平底锅里放15g黄油，在小火下熔化，然后添加面粉，翻炒1~2分钟。分3次添加牛奶，一直搅拌至浓稠状态。用肉豆蔻粉、盐和胡椒面调味，完成白色调味酱。

2 2片布里欧修面包都各往一面涂抹黄油，然后在抹了黄油的那一面上，抹白色调味酱2大勺，放上格鲁耶尔奶酪1片和香肠1片。

3 用另一片抹了黄油的面包盖上2，然后上面继续放白色调味酱1大勺，格鲁耶尔奶酪1片。

4 把3放进180℃的烤箱里，烘烤8~10分钟，直至奶酪熔化。

5 将鸡蛋煎成荷包蛋，放在4上。根据个人喜好，撒上盐和胡椒面。

法国先生三明治

面包中间夹着格鲁耶尔奶酪和香肠，配上白色调味酱，是典型的法式三明治。

材料_1个分量
面包（1.5cm厚度）2片，片状香肠 1片，片状格鲁耶尔奶酪2片，盐、胡椒面适量
酱料　无盐黄油 20g
白色调味酱 3大勺　无盐黄油15g，牛奶100mL，面粉1大勺，肉豆蔻粉 1/3小勺，盐适量

1 平底锅里放15g黄油，在小火下熔化，然后添加面粉，翻炒1~2分钟。分3次添加牛奶，一直搅拌至浓稠状态。用肉豆蔻粉、盐和胡椒面调味，完成白色调味酱。

2 2片面包都各往一面涂抹黄油，然后在抹了黄油的那一面上，抹白色调味酱2大勺，放上格鲁耶尔奶酪1片和香肠1片。

3 用另一片抹了黄油的面包盖上2，然后上面继续放白色调味酱1大勺，格鲁耶尔奶酪1片。

4 把3放进180℃的烤箱里，烘烤8~10分钟，直至奶酪熔化。

最初的法国先生三明治不是使用普通面包，而是使用黄油味浓的布里欧修面包。如果使用布里欧修面包的话，酱料用黄油只用2小勺即可。

往黑麦面包上涂抹千岛酱，然后放上熏牛肉火腿、高达奶酪和德国酸菜，这就是鲁宾三明治。牛肉腌制而成的熏牛肉火腿搭配上酸酸脆脆的德式酸菜，呈现出高级的味道与模样。

鲁宾三明治

1.准备

1   2   3

材料_1人份
黑麦面包片
（1.2cm厚度）2片
熏牛肉火腿 2片
高达奶酪 2片
盐、胡椒面少量

德国酸菜 100g
卷心菜 100g
洋葱 20g
醋 40mL
月桂树叶 1张
白砂糖 1小勺
盐 少量

千岛酱 2大少
蛋黄酱 $1\frac{1}{2}$大勺
番茄酱 2/3大勺
洋葱末 1小勺
腌制黄瓜末 1小勺
蚝油 1/4小勺
腌制黄瓜水 少量

酱料
黄芥末 1大勺
无盐黄油 5g

1 混合所有的千岛酱材料，制作酱料。
2 将卷心菜和洋葱切丝后，用醋和盐腌制10分钟，然后与白砂糖1小勺混合搅拌。往预热好的锅里，放入卷心菜、洋葱和月桂树叶子，用中火稍微翻炒几下，制作德国酸菜。
3 预热好的平底锅上，煎黑麦面包片，然后放凉。

2. 组合

 + + + + +

黑麦面包片　　黄油　　　　熏牛肉火腿2片　高达奶酪2片　德国酸菜　　千岛酱　　　抹了1/2大勺黄芥
　　　　　　　+黄芥末1/2大勺　　　　　　　　　　　　　　　　　　　　　　　　末的黑麦面包片

蒙特克里斯托三明治是著名西餐馆里的超人
气料理，中间夹香肠、奶酪之后放入油锅里
炸出来的三明治。但是下面要介绍的三明治
不是炸的而是烤出来的，不仅降低了卡路
里，味道也很清淡。

蒙特克里斯托三明治

材料 _1个分量
面包片 3片
鸡蛋1个
美国奶酪片 1片
切达奶酪 1片
火腿片 2片
白火腿 2片
无盐黄油 20g
牛奶 1/2杯
帕玛森奶酪粉 2大勺
糖粉 少量

草莓酱 1大勺
草莓 250g
白砂糖 100g
柠檬汁1大勺
柠檬皮 1/2个分量
香草精 1~2滴

蜂蜜芥末酱 1大勺
黄芥末 2小勺
蛋黄酱 2大勺
柠檬汁 2/3小勺
蜂蜜 1小勺

1 洗干净草莓后沥水，与白砂糖、柠檬汁、柠檬皮一起放入锅里，然后煮30分钟。最后放入香草精，然后关火放凉，就完成了草莓酱。

2 碗里放入蜂蜜芥末酱的所有材料，然后混合搅拌，完成酱料。

3 往1片面包上涂抹蜂蜜芥末酱，然后放上切达奶酪和火腿。然后上面再放上另一片面包，之后涂抹草莓酱，继续放上美国奶酪和白火腿。

4 往剩下的面包片上涂抹蜂蜜蛋黄酱，然后放在3上。

5 混合鸡蛋、牛奶和帕玛森奶酪粉，制作蛋液，然后把4的正反面各泡在蛋液里5分钟。

6 平底锅里先熔化黄油10g，之后把5放上去，在小火下煎1~2分钟，等变色后翻面，然后倒入剩余的10g黄油后盖上盖子，继续煎1~2分钟。将三明治放凉后，切成适当大小，撒上糖粉即可。

把圆圆的面包挖出内瓤，然后放上新鲜大虾和塔塔酱，制作与众不同的三明治。享用三明治之前，先洒上柠檬汁，会更加好吃。

炸虾三明治

1.准备

1

2

3

4

材料_1人份
圆圆的谷物面包2个

炸虾
大虾 2只
西红柿 1/2个
黄瓜 1/3个
面粉1大勺
鸡蛋1个
面包屑 2大勺
盐、胡椒面 少量
葡萄籽油 适量

塔塔酱 2大勺
煮鸡蛋 1/2个
洋葱末 1大勺
腌制黄瓜丁 1大勺
蛋黄酱 6大勺
欧芹粉 1/2大勺
胡椒面、柠檬汁 少量

1 把煮鸡蛋碾碎后放入碗里，所有的塔塔酱材料也全部放进碗里，一起混合，制作酱料。

2 西红柿切成0.7cm厚度的薄片，黄瓜也切成薄片后泡进盐水里10分钟左右，用水清洗后，沥水备用。

3 大虾是用木签串成直线，用盐和胡椒面调味，然后依次蘸面粉、蛋液和面包屑，之后放进160℃的葡萄籽油里，炸熟后拔出木签。

4 把面包的中间部分挖空呈半月形模样。

2.组合

圆圆的谷物面包

+

塔塔酱

+

西红柿

+

腌制黄瓜

+

炸虾

把厚厚的手工肉饼用牛排酱腌制，然后煎熟，真是看起来就好吃。可以往汉堡面包里夹上圆生菜做成汉堡，或者直接做成牛排也很好吃。

牛排汉堡

1.准备

1

2

3

4

材料_ 1个分量
汉堡面包 1个
奶酪片 2片
圆生菜2张
红洋葱 1/4个
腌制黄瓜 1个

汉堡肉饼 1个
牛肉末 50g
猪肉末 50g
大葱 3cm 1根
洋葱 1/8个
大蒜 1瓣
清酒 1/2大勺
白砂糖 1/8大勺
面包屑 1大勺
葡萄籽油 1小勺
盐、胡椒面 少量

大蒜牛排酱 3大勺
A1牛排酱 3大勺
蒜泥 1/2小勺
颗粒芥末 2小勺

酱料
无盐黄油 10g

1 把所有的大蒜牛排酱材料放入碗里混合。

2 剁碎大葱、洋葱和大蒜与肉混合搅拌。然后放清酒、白砂糖、面包屑、盐和胡椒面，之后拍打肉泥。把肉泥捏成球形后压扁，中间厚度要比边缘厚度薄一些。平底锅加热后，放入葡萄籽油，在中火下煎熟肉饼。

3 把红洋葱切成薄片后稍微翻炒，洗净圆生菜后沥水。

4 把汉堡面包横着对半切，然后在中火下把刀切面煎成黄色。

2.组合

 + + + + + +

抹了5g黄油的汉堡面包　　圆生菜　　汉堡肉饼　　大蒜牛排酱　　奶酪 + 腌黄瓜　　红洋葱 + 大蒜牛排酱　　抹了5g黄油的汉堡面包

Easy
SANDWICH 02

早午餐三明治

悠闲地坐在窗边喝着茶，搭配着美味的三明治，
是一种多么惬意的享受。这里汇集了所有超人气
的食谱。从简单的面包圈到奢华的牛排三明治，
一般只有在西餐店才能吃到，现在可以在自己家
的餐桌上享用哦。

西式罗马圆生菜搭配鳀鱼做成的凯撒酱料，夹在佛卡恰面包里做成早午餐三明治。若放进煮鸡蛋，可谓锦上添花。

凯撒三明治

1.准备

1

2

3

材料_ 1个分量
佛卡恰面包 1个
煮鸡蛋1个
培根 2片
罗马生菜 40g
帕玛森奶酪粉 1小勺

酱料
无盐黄油 10g

凯撒酱 2大勺
蛋黄 1个
剁碎的鳀鱼 1个分量
蒜泥 1/2大勺
番茄酱 1/2小勺
伍斯特酱 1/2小勺
橄榄油 3大勺

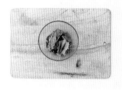

4

5

1 混合凯撒酱材料，制作凯撒酱。

2 把煮熟的鸡蛋切成1cm厚的薄片。

3 把培根放在预热好的锅里，煎熟后用厨房纸巾吸除油分，之后用手撕
成小块。

4 洗净罗马生菜后，沥水，切成小块，然后用凯撒酱搅拌，制作凯撒沙
拉。

5 把佛卡恰面包竖着切半。

2. 组合

 + + + + +

佛卡恰面包   黄油5g   凯撒沙拉   鸡蛋
+培根   帕玛森奶酪粉   抹了5g黄油
的佛卡恰面包

从纽约开始流行的龙虾风，现在已遍布到世界各地，且有增无减。龙虾的蛋白质丰富，胆固醇低，营养丰盛，可腌制后夹到面包里，制作三明治。在这款三明治中，可以感受到纽约美食的味道。

Lobster Sandwich

龙虾三明治

1.准备

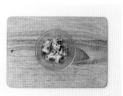

1　　　　　　　　2　　　　　　　　3

4　　　　　　　　5

材料_1个分量
热狗面包 1个
龙虾 1只（500g）或
者龙虾肉 200g
圆生菜 2张

龙虾酱料
融化了的无盐黄油15g
柠檬汁 1小勺
白葡萄酒 适量
香草粉、卡宴辣椒、盐
少量

TIP 龙虾辣酱
蛋黄酱 2$\frac{1}{2}$大勺
番茄酱 1大勺
塔巴斯哥辣酱 1/2小勺
伍斯特酱 1/2小勺
盐、胡椒面 少量

酱料
无盐黄油 15g

千岛酱 2大勺
洋葱末 1小勺
腌黄瓜末 1小勺
蛋黄酱 3$\frac{1}{4}$大勺
番茄酱 1$\frac{1}{3}$大勺
蚝油 1/2小勺
腌黄瓜水 少量

1 混合所有的千岛酱材料，做成千岛酱。
2 开水里放入龙虾、盐和白葡萄酒，煮15分钟后，把龙虾拿出来，用
　刀去掉外壳，刮出龙虾肉。
3 龙虾肉趁热时，与融化了的黄油、柠檬汁、香草粉、卡宴辣椒和盐均
　匀搅拌。
4 圆生菜洗净后撕成小块，与1大勺千岛酱混合。
5 把热狗面包一端连着对半切，然后放平底锅里煎刀切面。
如果想做成辣味的三明治，可用"龙虾辣酱"腌龙虾。

2.组合

 ＋ ＋ ＋ ＋

热狗面包　　黄油15g　　拌好的圆生菜　腌好的龙虾肉　千岛酱1大勺

柔软的鸡里脊肉，配上何时何地都美味的烧烤酱制作而成。利用圆形法式长棍面包，可制作迷你三明治。

鸡肉烧烤三明治

1.准备

1

2

3

4

材料_1人份
圆形法式面包 2个
鸡里脊肉 2块
圆生菜 3张
葡萄籽油 1大勺

烧烤酱 2大勺
番茄酱 1大勺
酱油 2小勺
白砂糖 2小勺

卷心菜沙拉
紫甘蓝 1片
洋葱 1/8个
蛋黄酱 1大勺
盐、胡椒面 少量

酱料
蛋黄酱 2大勺
无盐黄油 20g

1 混合所有的烧烤酱材料，完成烧烤酱。

2 把紫甘蓝和洋葱切丝，然后用盐腌制5分钟，洗干净后沥水，与蛋黄酱、盐和胡椒面混合，制作卷心菜沙拉。圆生菜洗净后撕成小块。

3 加热好平底锅后，洒上葡萄籽油，煎鸡里脊肉，煎熟后放凉，撕成小块，与烧烤酱混合。然后在中火下炒2分钟。

4 把圆圆的法式面包对半切，放在加热好的平底锅上煎熟。

2.组合

 + + + + +

迷你法式面包　　黄油5g　　　　圆生菜　　卷心菜沙拉　　烧烤鸡肉　　黄油5g+抹了1/2大勺
　　　　　　　+蛋黄酱1/2大勺　　　　　　　　　　　　　　　　　　蛋黄酱的迷你法式面包

在欧洲这是款特别的三明治，可感受到
迎接早晨的味道。西班牙生火腿和芝麻
菜更加突出了新鲜的味道。

芝麻菜火腿三明治

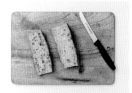

材料_1个分量
迷你法式长棍面包 1个
生火腿 5片
高达奶酪片 2~3张
番茄干 20g
芝麻菜 6张

酱料
特级初榨橄榄油 1小勺

1

2

3

4

5

1 芝麻菜用水洗干净后沥干，番茄干切成小丁。

2 把迷你法式长棍面包对半切开。

3 对半切的面包上涂抹特级初榨橄榄油，放上芝麻菜。

4 3上放高达奶酪和生火腿。

5 4上面放番茄干，之后用另一片面包盖上。

这是一款风靡纽约的人气蟹肉三明治。买螃蟹后剔下蟹肉使用，或可直接在市场上购买任何种类的蟹肉代替。

蟹肉三明治

1.准备

1

2

3

4

材料_1个分量
夏巴塔面包 1个
蟹肉 100g
圣女果 3个
切达奶酪或科尔比干酪 30g
罗马生菜 2张
柠檬 1/8个
盐、胡椒面 少量

香草蛋黄酱 2大勺
香草末 2大勺
蛋黄酱 $3^1/_3$大勺

1 混合所有的香草蛋黄酱，制作酱料。

2 蟹肉用手撕成小块，切达奶酪切成细丝。去除圣女果的根部后，对半切开。洗净罗马生菜后对半切开。

3 碗里放入蟹肉、圣女果、切达奶酪和香草蛋黄酱，轻轻搅拌后，洒上柠檬汁，就制作完成了蟹肉沙拉。

4 把夏巴塔面包竖着对半切开，放在平底锅上煎好后，放凉。

2.组合

夏巴塔面包　　　　罗马生菜　　　　蟹肉沙拉　　　　夏巴塔面包

脆脆的鸡肉搭配清香的炒蘑菇，健康食材的完美搭
配。如果你还在认为健康的食物都不好吃，那这款
三明治将打破你的这种观念。

蘑菇鸡肉三明治

1.准备

1　　　　　　　2　　　　　　　3

4

材料_1个分量
汉堡面包 1个
高达奶酪片 1片
圆生菜 2张
无盐黄油 10g
塔塔酱 2大勺

香草味炒蘑菇
多种蘑菇 130g
无盐黄油 15g
百里香末 1/2小勺
橄榄油 2大勺
盐、胡椒面 少量

炸鸡胸脯肉
鸡胸脯肉 1个
淀粉 3大勺
蒜泥 1/2大勺
生姜末 1/2小勺
酱油、清酒 各1/2大勺
香油 少量
盐、胡椒面 少量
葡萄籽油 适量

烧烤辣酱 2大勺
泰椒 4个
洋葱 1/2个
去皮番茄罐头 1/2杯
蒜泥 1大勺
番茄酱 1/2杯
伍斯特酱 1大勺
干的牛至、百里香粉
各1/2小勺
白砂糖、糖稀 各1/2
大勺
葡萄籽油 1大勺
胡椒面 少量

酱料
无盐黄油 10g

1 锅加热后洒上葡萄籽油，之后放洋葱末、蒜泥和泰椒进行翻炒，炒至洋葱变透明为止。然后放入烧烤辣酱的所有材料，在小火下熬煮至酱料变得浓稠为止。

2 把鸡肉对半切开后，划上几刀，然后用酱油、清酒、蒜泥、生姜末、香油、盐和胡椒面做成酱料，抹在鸡肉上腌制。腌好的鸡肉先裹一层淀粉，在180℃的葡萄籽油里炸熟。

3 加热好锅后，洒上葡萄籽油，先熔化黄油，之后放百里香粉和切片的蘑菇进行翻炒。最后用盐和胡椒面调味，完成香草味炒蘑菇。

4 把汉堡面包横着对半切开后，在预热好的锅里煎成黄色。

2.组合

 + + + +

抹了5g黄油的汉堡面包　　圆生菜+炸鸡胸脯肉　　奶酪+香草味炒蘑菇　　烧烤辣酱+塔塔酱　　抹了5g黄油的汉堡面包

Sauerkraut Hotdog

德国酸菜三明治

Chili Meat Hotdog

辣炒牛肉三明治

德国酸菜三明治

这是一款基本的热狗三明治，脆脆的香肠搭配卷心菜做成的德国酸菜。

材料_1个分量
热狗面包1个，香肠1个，无盐黄油5g，洋葱末2大勺，腌黄瓜末1大勺，黄芥末1大勺，蛋黄酱1大勺，葡萄籽油适量
德国酸菜 100g 卷心菜250g，洋葱50g，月桂树叶子1张，白醋100mL，白砂糖1大勺，盐1/2小勺

1 加热好锅后洒上葡萄籽油，放上香肠煎熟。加水至1cm高度后，煮熟至水分蒸发。

2 将卷心菜和洋葱切丝，用白醋和盐腌制10分钟。腌制好的卷心菜里放入1大勺白砂糖进行搅拌，然后和月桂树叶子一起放进预热好的锅里，在中火下翻炒，挥发酸味和水分。

3 把热狗面包一端连着对半切开，在锅里煎刀切面。

4 烤好的热狗面包上涂抹黄油，依次放上香肠、腌黄瓜、洋葱末，然后将黄芥末和蛋黄酱像画线似的洒上。

5 4上放大量的德国酸菜。

辣炒牛肉三明治

这是一款辣炒牛肉搭配香肠做成的热狗。

材料_1个分量
热狗面包1个，香肠1个，无盐黄油5g，洋葱末2大勺，腌黄瓜末1大勺，切达奶酪片1片，欧芹粉少量，芥花籽油适量
辣牛肉酱 2大勺 去皮番茄罐头1杯，牛臀肉300g，洋葱末1/2个分量，辣椒末1个分量，蒜泥1大勺，香草末1大勺，月桂树叶子1张，辣椒粉2大勺，干牛至1/2小勺，孜然粉1/2小勺，鸡汤1杯，盐、胡椒面少量，芥花籽油适量

1 加热好锅后洒上葡萄籽油，放上香肠煎熟。加水至1cm高度后，煮熟至水分消失。

2 加热好锅后洒上芥花籽油，在大火下炒牛肉末。

3 锅里撒上芥花籽油，先炒洋葱末和蒜泥，炒至透明后，放入2的炒牛肉和所有的辣牛肉酱材料，在小火下熬煮，完成辣牛肉酱。

4 把热狗面包一端连着对半切开，在锅里煎刀切面。

5 烤好的热狗面包上涂抹黄油，依次放上香肠、腌黄瓜、洋葱末和辣牛肉酱。

6 5上放切达奶酪，放进200℃的烤箱里，烘烤5分钟，直至奶酪熔化。最后撒上欧芹粉。

吐司&帕尼尼三明治

本文介绍了多种三明治，有裹上鸡蛋液煎烤而成的简单法式吐司、放上多种材料制作的吐司，还有撒上大量奶酪的帕尼尼，可按照口味选择。可以参考本书中介绍的菜谱，挑选自己喜欢的材料制作。

利用法式长棍制作高级吐司。因为
用了圆形面包香苞米更加特别。放
上草莓和蓝莓后，撒上糖粉就能完
成完美的料理。

法式蓝莓&草莓吐司

1

2

3

材料_1个分量
圆形面包 1个
鸡蛋 1个
蓝莓 10粒
草莓 3~4个
无盐黄油 15g
牛奶 1/2杯
白砂糖1大勺
枫糖浆、糖粉 少量

4

1 往一个大盘子里放入鸡蛋、牛奶、白砂糖混合，然后把面包切半，正反面都充分地浸泡在鸡蛋液里。

2 洗净蓝莓和草莓后，沥干水分。

3 平底锅里放入黄油，开中火熔化，然后把裹上鸡蛋液的面包煎烤1~2分钟。面包变色后翻面，盖上盖子，继续煎1~2分钟。

4 烤好面包后放上蓝莓和草莓，再撒上糖粉。

可以用圆的布里欧修面包或者面包卷来代替圆的长棍面包。可以选择自己喜欢的圆形面包哦。

这是近期最具人气的一款三明治。香蕉碰上巧克力看似完全不搭，其实搭配在一起，香蕉会越烤越甜。

香蕉巧克力吐司

材料_1个分量
厚厚的面包 1片
香蕉 1个
鸡蛋 1个
无盐黄油 10g
牛奶 1/2杯
白砂糖 1大勺
巧克力糖浆 少量

1

2

3

4

1 往一个大盘子里放入鸡蛋、牛奶、白砂糖混合，然后把面包正反面都充分地浸泡在鸡蛋液里。

2 平底锅里放入黄油，开小火，然后放上面包煎烤1~2分钟。面包变色后翻面，盖上盖子，继续煎1~2分钟。

3 先把香蕉竖着切半，然后横着再切半。放在平底锅上，煎烤至稍微变成褐色为止。

4 烤好的面包上放烤香蕉，之后洒上巧克力糖浆。

这是一款放入了意大利腊肠的帕尼尼三明治。香味浓郁且劲道的佛卡恰面包，配上意大利腊肠上融化了的马苏里拉奶酪，可谓绝配。酸酸的番茄酱和黑橄榄会更加提味。

意大利腊肠马苏里拉帕尼尼

1

2

3

材料_1个分量
佛卡恰面包 1个
马苏里拉奶酪 50g
意大利腊肠 40g
黑橄榄 2~3个

番茄酱
去皮番茄罐头 1个
泰椒 3个
洋葱末 1个分量
蒜泥 1大勺
鸡汤 1小勺
糖稀 1大勺
牛至粉 1/2小勺
橄榄油 3大勺
盐和胡椒面 少量

4

1 锅里洒上橄榄油后，放入洋葱末和蒜泥，翻炒至变褐色为止，然后放入所有剩余的番茄酱材料，在小火下熬至酱料变稠，制作番茄酱。

2 把黑橄榄、意大利腊肠、马苏里拉奶酪切成圆的薄片状。

3 佛卡恰面包竖着对半切开，然后在刀切面上各均匀涂抹番茄酱1大勺。

4 在抹了番茄酱的面包上，依次放上意大利腊肠、黑橄榄和马苏里拉奶酪，再用另一片面包盖上。放入180℃的烤箱里烘烤7~8分钟，或者放在预热好的帕尼尼烤炉上，按压1~2分钟。

炸鱼和薯条是英国的代表性食物，用海鲜和土豆炸熟而成，非常有名。炸鱼&薯条帕尼尼外脆里嫩，炸得柔软的白色鱼肉，配上西红柿、洋葱和塔塔酱制作而成三明治。

炸鱼&薯条帕尼尼

1.准备

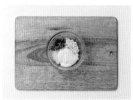

材料_1个分量
黑麦面包片（1.2cm厚度）2片
白肉生鱼片 150g
西红柿 1/2个
红洋葱 1/4个
圆生菜 2张
嫩叶菜 1把
炸粉 50g
碳酸水 50mL
盐、胡椒面 少量
食用油 适量

塔塔酱 3大勺
煮鸡蛋 1/2个
洋葱末 1大勺
腌黄瓜碎 1大勺
蛋黄酱 1/2杯
欧芹粉 1/2大勺
柠檬汁 1小勺
胡椒面 少量

1 煮熟的鸡蛋碾碎后放入碗里，把剩余的塔塔酱材料也全部放进去混合，制作酱料。

2 把西红柿和红洋葱切成薄片，嫩叶菜和圆生菜用凉水洗净后，去除水分。

3 用盐和胡椒面腌制白肉生鱼片，然后裹一层混合好的碳酸水和炸粉，放入180℃的食用油里炸2遍。

4 把黑麦面包放在平底锅上，用中火煎烤面包前后面。

2.组合

 + + + + + +

黑麦面包 　 圆生菜 　 西红柿 　 炸鱼肉 　 红洋葱+嫩叶菜 　 塔塔酱 　 黑麦面包

这款三明治放入了土豆、菠菜、洋葱、培根和奶酪，味道和营养都非常丰富。用帕尼尼烤炉制作而成，烤得脆脆的非常好吃。

土豆奶酪帕尼尼

1

2

3

材料_1个分量
热狗面包 1个
土豆 1个
菠菜10个
培根 2条
洋葱 1/2个
比萨奶酪 30g
无盐黄油 30g
盐和胡椒面 少量

酱料
芥末籽 1大勺
蜂蜜芥末酱 1大勺

4

5

1 土豆切成半月形的薄片，洋葱切丝备用。平底锅里放上20g黄油，开中火把黄油熔化，然后放进土豆和洋葱翻炒，中途加1大勺水、盐和胡椒面炒熟。

2 平底锅里放上10g黄油，等黄油熔化后放入菠菜炒熟。

3 在预热好的平底锅里煎熟培根后，用厨房纸巾去除油分。

4 先把热狗面包切半，一面涂抹芥末籽后，依次放上炒熟的土豆、培根、菠菜和比萨奶酪。另一片面包上涂抹芥末籽后盖上。

5 往预热好的帕尼尼烤炉上，放上4，按压1~2分钟进行烘烤。

Easy
SANDWICH 04

素食三明治

可用于制作为了瘦身的减肥餐、想吃素食的素餐、讨厌蔬菜的小孩们的零食餐。下面给大家介绍清新又健康的素食三明治料理。

面包片上抹上大量柔软的奶油奶酪或
马斯卡彭奶酪,再放上油醋汁拌过的
清新蔬菜,做出敞开式三明治。模样
漂亮,味道也非常好。

马斯卡彭三明治

1.准备

1   2   3

材料_2个分量
杂粮面包片 2片
芹菜 1/4根
圣女果 4粒
圆生菜 10g
芝麻菜 10g
柠檬皮 少量

酱料
马斯卡彭奶酪 4大勺
香油 1/2大勺

油醋汁 2大勺
橄榄油 $1^1/_2$大勺
红酒醋 1/2大勺
盐和胡椒面少量

1 按照油醋汁做法，混合所有材料。
2 把圣女果对半切开，芹菜切成薄片。把圆生菜和芝麻菜洗净，沥干水
　分。
3 在预热好的平底锅里把杂粮面包正反面都煎一下，然后放凉。
把蔬菜用油醋汁搅拌，就做成了沙拉。也可以用烤过的玉米饼代替杂
　粮面包。

2.组合

 + + +

杂粮面包   马斯卡彭奶酪   圆生菜+芝麻菜   芹菜   圣女果+油醋汁
           2大勺   +柠檬皮+香油

——————>>>>>>>>>>>>>>

茄子搅碎后做成茄子蒜酱，直接抹在面包上
食用就非常好吃，也非常适合做成意大利面
酱料或者沙拉酱。

蘑菇茄子蒜酱三明治

1.准备

1

2

3

4

材料_1个分量
杂粮面包片 2片
杏鲍菇 1个
香菇 1个
口蘑 2个
泰椒 2个
蒜泥 1小勺
橄榄油 1小勺
盐、胡椒面 少量

茄子蒜酱 3大勺
茄子 1个
花生黄油 20g
蜂蜜 1/2大勺
柠檬汁 1大勺
橄榄油 1大勺
盐、胡椒面 少量

1 茄子带皮的状态下切成0.5cm厚度的薄片，然后在平底锅里洒上橄榄油，放上茄子煎熟。把茄子和剩余的茄子蒜酱材料放进搅拌器里进行搅拌，之后用盐和胡椒面调味，制作茄子蒜酱。

2 用毛刷去除杏鲍菇、香菇和口蘑上的脏东西，之后按照蘑菇样子切成片。

3 预热好平底锅，洒上橄榄油，放入蒜泥在小火下炒1分钟，然后放入切好的蘑菇，在大火下翻炒。最后放入切成丁的泰椒，用盐和胡椒面调味。

4 预热好的平底锅里放上杂粮面包，煎完后放凉。

2.组合

 + + +

杂粮面包　　　茄子蒜酱　　　炒蘑菇　　　茄子蒜酱1¹/₂大勺
　　　　　　　1¹/₂大勺　　　　　　　　　+杂粮面包

放入了用豆腐和菠菜做成的蔬菜饼，无须担心卡路里，是款健康的手工汉堡。撒上大量的罗勒蒜酱，呈现浓郁味道。

Tofu Burger

豆腐汉堡

1.准备

1   2   3

4   5

材料_1个分量
杂粮汉堡面包 1个
圆生菜 2张
橄榄油 1大勺

豆腐饼
豆腐 130g
菠菜 40g
帕玛森奶酪粉 30g
盐、胡椒面 少量

酱料
香草蛋黄酱 2大勺

罗勒蒜酱 1大勺
罗勒 15g
松子 10g
烤核桃 5g
大蒜 1瓣
橄榄油 25mL
帕玛森奶酪粉 2大勺
盐、胡椒面 少量

1 搅拌器里放入所有的罗勒蒜酱材料，制作酱料。

2 在开水里稍微烫一下菠菜后用凉水洗净，之后挤掉水分，切碎菠菜。
豆腐切碎后用棉布包住豆腐，挤出水分。

3 把2与帕玛森奶酪粉、盐和胡椒面混合搅拌，然后做成和汉堡肉饼一
样大小的尺寸。预热好平底锅后洒上橄榄油，放上豆腐饼把正反面
都煎熟。

4 圆生菜洗净后，沥干水分，用手撕成小块。

5 把汉堡面包横着切半，然后煎烤刀切面。

2.组合

 + + + +

汉堡面包+香草   圆生菜   豆腐饼   罗勒蒜酱1大勺   香草蛋黄酱1大勺
蛋黄酱1大勺   +汉堡面包

将香醋长时间进行熬煮，就成了又甜又黏的香醋浓汁，然后洒在烤蔬菜上面，就成了高级的意大利料理。放在法式乡村面包上面做成敞开式三明治，味道和模样都是一流哦。

蔬菜烧烤三明治

1.准备

1   2   3

材料_1人份
法式乡村面包片 2片
南瓜 60g
藕片 30g
洋葱 1/4个
甜椒 50g
香醋浓汁 1大勺
橄榄油 1大勺
胡椒面少量

酱料
芥末籽 1大勺

1 挖出南瓜瓤后切成1cm厚度的薄片，洋葱和莲藕去皮后，切成
　0.7cm厚度的薄片。甜椒去除籽后，切丝备用。

2 把1用橄榄油搅拌后，放入180℃的烤箱里，烘烤10~13分钟。或者
　放在平底锅上，在小火下煎10分钟。

3 在预热好的烤盘或者帕尼尼烤炉上，把法式乡村面包放上去，烤正反
　面。

2.组合

  +  + +

法式乡村面包　　　芥末籽1大勺　　　烤蔬菜　　　香釉
　　　　　　　　　　　　　　　　　　　　　　　+胡椒面

牛油果酱味道清新，是墨西哥料理中必
备的代表酱料。和多种面包都可搭配，
做成一道料理。

牛油果酱三明治

1.准备

1   2   3

材料_1个分量
黑麦面包片 2片
牛油果 1/2个
柠檬汁 1大勺

牛油果酱
牛油果 1/2个
西红柿 1/2个
墨西哥辣椒 1个
柠檬汁 1小勺
特级初榨橄榄油 1小勺
香菜 少量
白葡萄酒醋 少量
胡椒面 少量

1 先把1/2个牛油果和西红柿切成小块，剁碎墨西哥辣椒，将它们都放入碗里，然后把剩余的牛油果酱材料也放进碗里，用叉子碾碎后搅拌，制作酱料。

2 剩下的1/2个牛油果切成1cm厚度的薄片，然后为了防止变色，洒上柠檬汁。

3 预热好平底锅后，煎烤黑麦面包的正反面。

2.组合

 + +  +

黑麦面包   牛油果酱   牛油果片   黑麦面包

用各种颜色的蔬菜搭配而成的蔬菜杂烩，色香味俱全，是在法国南部地区常享用的简单的家庭餐。非常适合与夏巴塔面包一起享用。

蔬菜杂烩三明治

1.准备

1

2

3

4

材料_1个分量
夏巴塔面包 1个
芝麻菜 30g
帕玛森奶酪粉 1小勺

蔬菜杂烩
西红柿、茄子、洋
葱 各1个
口蘑 100g
甜椒 1/2个
辣椒 2个
月桂树叶子 1张
蒜泥 1/2大勺
橄榄油 1大勺
欧芹粉 少量
盐、胡椒面 少量

橄榄酱 2大勺
鳀鱼 1个
黑橄榄 70g
千金子（caper） 1
大勺
蒜泥 1小勺
柠檬汁 1大勺
特级初榨橄榄油
$1\frac{1}{2}$大勺

1 把所有的橄榄酱材料都放入搅拌器里，制作酱料。

2 西红柿去除籽后，切成2cm大小的块状，茄子、洋葱、甜椒和辣椒
   也是切成相同大小。把口蘑切半后，再对半切开。

3 平底锅里洒上橄榄油，放入蒜泥和洋葱翻炒，变色后放入茄子、甜
   椒、辣椒和口蘑继续翻炒。等蔬菜变软后，放入西红柿和月桂树叶
   子，盖上盖子，在小火下煮10分钟。最后用盐和胡椒面调味，撒上
   欧芹粉，完成蔬菜杂烩。

4 把夏巴塔面包竖着切半切开后，放在平底锅上煎烤。

2.组合

 + +  + +

夏巴塔面包　　　　芝麻菜　　　　　蔬菜杂烩　　　　帕玛森奶酪粉　　　橄榄酱1大勺
+橄榄酱1大勺　　　　　　　　　　　　　　　　　　　　　　　　　　　+夏巴塔面包

Class 04

美味的
特殊三明治

Special
SANDWICH 01

茶点&甜点三明治

作为清新的饭后小食或者甜点都可享用这些三明治。平时在咖啡店搭配咖啡或者茶一起吃的三明治，现在可在家简单制作。

Black Tea Bread

红茶面包

Green Tea Bread

绿茶面包

红茶面包

平时常喝的红茶，也可以做成酱料。再配上柔软的面包，就可以做出不亚于咖啡店的甜点。

材料_1个分量
面包（1.5cm厚度）1片，无盐黄油10g，冰淇淋适量，糖粉少量
红茶酱料 1大勺
牛奶2杯，鲜奶油1杯，红茶茶包2个，香草豆1/4个或者香草精1~2滴，白砂糖140g

1 锅里放入牛奶、鲜奶油、红茶茶包和香草豆，用中火熬煮至泡出红茶，然后把红茶茶包和香草豆拿出来，香草豆切半，把香草籽放进锅里熬煮。锅里放入白砂糖，等汤烧开后变小火，熬煮至黏稠状态。

2 平底锅里放上黄油，在中火下等黄油熔化后，煎烤面包的正反面。烤完面包后装盘，抹上1的红茶酱料。

3 2上面放上冰淇淋，撒上糖粉。

绿茶面包

这款面包用到的是在咖啡店人们常吃的蜂蜜面包。
做好柔滑的绿茶牛奶酱，均匀抹在面包上，就完成了甜中带苦的绿茶面包。

材料_1个分量
面包（4cm厚度）1片，无盐黄油15g，鲜奶油适量，糖粉和杏仁片 少量
绿茶牛奶酱 2大勺
牛奶1杯，鲜奶油1/2杯，绿茶粉2大勺，白砂糖70g

1 锅里放入所有的绿茶牛奶酱材料，在小火下用勺子一直搅拌，熬煮至酱料变成原先的一半为止。

2 面包上切出3cm厚度的井字格。平底锅里放一半量的黄油，在中火下熔化后，把面包的刀切面朝下放上去煎烤。之后把剩余黄油放入平底锅，煎面包的另一面。

3 把绿茶牛奶酱倒入平底锅里，稍微热一下，然后关火。把烤好的面包放在酱料上面，使面包两面都均匀抹上酱料。

4 把3装盘，撒上糖粉和杏仁片，之后放上打发好的鲜奶油。

Apple Brie Cheese Sandwich

苹果布里奶酪三明治

Melon Prosciutto Sandwich

意大利火腿哈密瓜三明治

苹果布里奶酪三明治

香味浓郁的布里奶酪搭配口感香脆的苹果，以法国的开胃菜或者下酒菜而闻名。若再配上清淡的英式玛芬，做成清淡的三明治，也非常好吃。

材料_1人份
英式玛芬1个，苹果1/4个，布里奶酪1/4个，核桃2粒，枫糖浆1大勺

1 把苹果切成0.5cm，布里奶酪切成1cm厚度的薄片，核桃放锅里翻炒后剁碎。
2 英式玛芬横着切半后，放在平底锅上煎烤，之后再对半切开。
3 2上面依次放上苹果、布里奶酪和核桃，之后洒上枫糖浆，最后用另一片面包盖上。

意大利火腿哈密瓜三明治

咸咸的意大利火腿搭配甜甜的哈密瓜，呈现出梦幻般的组合。放在佛卡恰面包上面做成三明治，就变成了一道非常棒的意大利开胃菜。

材料_1人份
佛卡恰面包1个，意大利火腿3片，哈密瓜120g，西红柿1/2个，芝麻菜5个，帕玛森奶酪粉、胡椒面少量
橄榄奶酪酱
帕玛森奶酪粉1/2大勺，橄榄油1大勺，胡椒面少量

1 混合所有的橄榄奶油酱材料，制作橄榄奶油酱。
2 哈密瓜和西红柿切成1cm厚度的薄片。把芝麻菜洗净后沥干水分。
3 把佛卡恰面包横着切半后再竖着切半，之后在刀切面涂抹橄榄奶油酱。
4 3上依次放芝麻菜、西红柿、哈密瓜和意大利火腿，之后撒上帕玛森奶酪粉和胡椒面，最后用另一片面包盖上。

给大家介绍如何利用冰箱里的水果，
做成咖啡店里销售的甜点料理。无论
什么水果都可以。因其香甜柔滑的味
道，总会让人想起这款三明治。

水果鲜奶油三明治

材料_1人份
面包片 2片
草莓 2个
橘子 1/2个
猕猴桃 1/2个
鲜奶油 40g
白砂糖 4g

1

2

3

4

5

1 洗净草莓后沥干水分，之后取出草莓蒂，切半。猕猴桃去皮后，切成
   3块。橘子去皮备用。

2 碗里放入鲜奶油和白砂糖，用打蛋器搅打10~15分钟，打发奶油。
   抬起打蛋器时，鲜奶油末端呈现鸟嘴似的模样就可以了。

3 面包上涂抹大量的鲜奶油，然后放上处理好的水果。

4 另一片面包上也是涂抹大量的鲜奶油后盖在3上面。

5 切掉4面包的周围一圈后，把三明治切成适当大小。

做完三明治后放冷冻室里冷冻15分钟，会更好吃。鲜奶油变硬，也
   会更好切。

草莓和红豆竟可以如此搭配，利用于各
种甜点。可以在三明治上洒上甜甜的炼
乳，搭配茶一起享用。

草莓红豆三明治

1

2

3

材料_1人份
面包片 2片
草莓 3个
红豆 2大勺
无盐黄油 10g
炼乳 适量

4

1 草莓洗净后去除水分，之后切成小块。
2 面包上涂抹黄油后，放上草莓，洒上炼乳。
3 另一片面包上涂抹红豆，然后盖在2上面。
4 把3放在帕尼尼烤炉上，按压1分钟。

Special
SANDWICH 02

便当三明治

平时常做便当的话，可以偶尔用三明治来代替，准备起来会比你想象的容易。计划出去旅游或者到附近郊外野餐时，可以用三明治便当衬托氛围。

Mexican Shrimp Wrap

墨西哥虾卷

Cranberry Honey Chicken Wrap

蔓越莓蜂蜜卷

蔓越莓蜂蜜卷

玉米饼上放上酱好的鸡肉、蔓越莓和圆生菜后卷起来就完成了！
配上甜甜的蜂蜜芥末酱，就做出墨西哥式三明治。

材料_2个分量
玉米饼 2张，鸡里脊2块，蔓越莓干2大勺，圆生菜2张，胡椒粒7粒，清酒1大勺，盐少量
蜂蜜芥末酱 2大勺
蛋黄酱 2大勺，黄芥末2小勺，柠檬汁1小勺，蜂蜜1小勺

1 混合所有的蜂蜜芥末酱材料，制作蜂蜜芥末酱。

2 洗净圆生菜后，去除水分，撕成小块。蔓越莓泡进温水里软化。

3 开水里放入鸡里脊、清酒、胡椒粒和盐，煮5分钟后放凉，将鸡里脊撕成小块。

4 预热好平底锅后，煎玉米饼的正反两面，之后放凉。

5 烤好的玉米饼上，涂抹1/2大勺蜂蜜芥末酱，依次放上圆生菜、煮熟的鸡肉和蔓越莓。

6 5上面洒上1/2大勺蜂蜜芥末酱，之后把玉米饼向下折叠5cm，然后再把两边往中间折叠。剩下的玉米饼也按此方法包起来。

墨西哥虾卷

清淡的玉米饼上涂抹酸酸的番茄酱，再放上辣辣的烤大虾。又辣又酸的味道，可以勾起食欲哦。

材料_2个分量
玉米饼2张，大虾6只，切达奶酪1片，圆生菜4张，红洋葱1/8个，辣椒粉1/2小勺，葡萄籽油适量，盐、胡椒面少量
辛辣番茄蛋黄酱 2大勺
蛋黄酱2大勺，辣椒酱1/3小勺，番茄酱1/2小勺，辣椒粉（chilli powder）1/2小勺

1 混合所有的辛辣番茄蛋黄酱材料，制作蜂蜜芥末酱。

2 红洋葱切丝，圆生菜洗净后沥干水分。

3 预热好的平底锅洒上葡萄籽油，然后放上处理好的大虾，撒上辣椒粉、盐和胡椒面，稍微煎熟。

4 预热好平底锅，烤玉米饼的正反面，之后涂抹辛辣番茄蛋黄酱，依次放上圆生菜、烤大虾和红洋葱，最后把切达奶酪撕成小块放上。

5 把4卷起来后用羊皮纸包起来。剩下的玉米饼也按照相同方式制作。

用热水烫熟营养丰富的芦笋，然后把蟹肉撕
成小块与咖喱酱搅拌。最后配上烤得脆脆的
面包，就能完成非常完美的三明治。

芦笋蟹肉三明治

1.准备

1

2

3

材料_1个分量
面包 2片
蟹肉 70g
芦笋 4个
盐、胡椒面 少量

咖喱蛋黄酱 2大勺
蛋黄酱 1 1/2大勺
咖喱粉 2/3小勺
蜂蜜 1/2大勺
柠檬汁 1/2小勺
盐 少量

酱料
黄芥末 1小勺
无盐黄油 10g

4

1 混合所有的咖喱蛋黄酱材料，制作咖喱蛋黄酱。

2 先把蟹肉用手撕成小块，然后与咖喱蛋黄酱混合搅拌。

3 芦笋去除根部坚硬的部位，然后竖着切半，与盐一起放入开水里，烫
熟。

4 预热好的平底锅上放上面包，煎烤正反两面，之后放凉。

2.组合

 + + + + +

面包 　　 黄油5g 　　 黄芥末1/2小勺 　　 芦笋 　　 酱好的蟹肉 　　 黄油5g
+抹了1/2小勺黄芥末的
面包

打散鸡蛋，制作厚厚的鸡蛋卷，然后夹进劲道的布里欧修面包里，制作鸡蛋卷三明治，准备便当。味道和营养的搭配可谓天作之合。

鸡蛋卷三明治

1.准备

1

2

3

材料_1个分量
布里欧修面包 2片
黄瓜 1/3个
小萝卜 1个
盐 少量

鸡蛋卷
鸡蛋 2个
白砂糖 1小勺
料酒 2/3小勺
昆布高汤 30mL
酱油、盐 少量
葡萄籽油 适量

酱料
蛋黄酱 1大勺
炸猪排酱 1大勺

4

1 碗里放入鸡蛋、白砂糖、料酒、昆布高汤、酱油和盐，用筷子搅拌均匀，之后用筛子过筛。

2 预热好的平底锅上洒上葡萄籽油，倒入1，制作鸡蛋卷。

3 黄瓜切片后泡进盐水里10分钟，之后挤掉水分。小萝卜也切成薄片。

4 在预热好的平底锅上，煎烤布里欧修面包的正反面，然后放凉。

2.组合

 + + + +

布里欧修面包 + 蛋黄酱 1/2大勺 + 鸡蛋卷 + 腌渍黄瓜 +小萝卜 + 炸猪排酱 + 抹了1/2大勺蛋黄酱的布里欧修面包

这是可以最简单制作的基本的三明治卷。既容易制作，吃起来又方便，真是最适合做成便当料理了。若想准备得稍微特殊一点，可以炸火腿奶酪卷。

火腿奶酪卷&炸火腿奶酪卷

1

2

3

材料_1人份
面包 2片
鸡蛋 1个
火腿片 4片
切达奶酪片 2片
面包屑 1/2杯
盐 少量
食用油 适量

草莓酱 2大勺
草莓 250g
白砂糖 100g
柠檬汁 1大勺
柠檬皮 1/2个分量
香草精 1~2滴

4

5

1 洗净草莓后去除水分，和白砂糖一起放入锅里，在小火下煮30分
  钟。之后放入柠檬汁和柠檬皮混合，最后放入香草精后关火，制作
  完成草莓酱。

2 把面包四周切除后，用擀面杖压扁。

3 面包中间涂抹草莓酱，之后依次放上火腿、切达奶酪片和火腿。

4 把3卷起来后用保鲜膜裹住，然后放置一段时间固定形状。固定好后
  切成小块，就制作完成了。

5 制作炸火腿奶酪卷时，需要先把固定好的面包卷依次蘸上蛋液和面包
  屑，之后放入170℃的食用油里，边滚边炸。最后把面包卷放在厨房
  纸巾上去除油分。

炸面包卷之前用牙签固定，可以更加容易成型。

炸火腿奶酪卷适合搭配蜂蜜蛋黄酱。

用自己亲手做的牛肉饼做汉堡，
吃起来更放心。而且因其迷你的
尺寸，可以毫无负担地享用。

牛肉奶酪迷你汉堡

1　　　　　　　　2　　　　　　　　3

4　　　　　　　　5

材料_3个分量
迷你汉堡面包
（直径5~6cm）3个
奶酪片 3片
西红柿 1/2个
洋葱 1/4个
圆生菜 3片
腌渍黄瓜 3大勺
葡萄籽油 1/2大勺

汉堡肉饼
（直径5~6cm）3个
剁碎的牛肉 150g
鸡蛋 1个
洋葱末 150g
面包屑 1/3杯
黄油 10g
肉豆蔻粉 1/3小勺
牛至粉 1/3小勺
清酒 1/2大勺
盐、胡椒面 少量

酱料
蛋黄酱 3大勺

洋葱西红柿蛋黄酱 3大勺
洋葱末 1大勺
蛋黄酱 1大勺
番茄酱 1大勺
白砂糖 1/4大勺

1 混合所有的洋葱西红柿蛋黄酱，制作洋葱西红柿蛋黄酱。

2 西红柿和洋葱切薄片，圆生菜洗净后去除水分。

3 平底锅里放上黄油，在中火下熔化后，放入洋葱末翻炒。洋葱放凉后，把所有剩余的汉堡肉饼材料和洋葱放入搅拌器里搅拌，然后把材料拿出来拍打10分钟，之后做成和面包大小一样大的圆的肉饼3张。

4 预热好的平底锅里洒上葡萄籽油，放上3，在中火下煎烤。肉饼煎熟后关火，把奶酪放在肉饼上面，用余热融化。

5 预热好的平底锅上，烤汉堡面包的里侧，然后放凉。

 + + + + +

迷你汉堡面包　　洋葱西红柿蛋黄　　腌渍黄瓜末　　放上奶酪的肉饼　　西红柿　　抹了1大勺蛋黄酱
　　　　　　　　酱1大勺　　　　　　　　　　　　　　　　　　+圆生菜+洋葱　　的汉堡面包

Special

SANDWICH 03

搭配三明治的饮料

可以用好喝又健康的自制果汁，搭配三明治食用。三明治和饮料可以互补各自缺少的营养成分，当作一顿正餐也毫不逊色。

柑橘起到镇定作用，晚上享用也不会有
任何负担。添加了清新的橙子，呈现酸
酸甜甜的味道，可以和多种下午茶三明
治搭配。

甘菊橙子茶

材料_1人份
柑橘茶包 1个
橙子茶 2大勺
腌制橙子片 1片
白砂糖 1小勺

1 茶杯里倒满开水，杯子变温后，把水倒出去，再添热水，然后放柑橘
  茶包。
2 准备橙子茶里的橙子片。
3 拿出茶包后，放入橙子茶和橙子片。

腌制橙汁

橙子2个，白砂糖200g，黄砂糖100g，苏打适量，粗盐少量

1 把橙子浸泡在苏打水里30分钟，然后取出来用粗盐搓橙子，之后洗净。
2 橙子带皮切成薄片后，用白砂糖和黄砂糖的80%混合。
3 往消毒过的玻璃瓶里装进2，然后把剩下的糖全部放在上面，隔离空气，
  盖上盖子。
4 翻翻3，在常温里放置半天左右融化砂糖，然后放进冰箱里发酵3天左右。

香味浓郁的伯爵茶配上有点苦的西柚，
就会变成崭新的带有高级香味的茶。维
生素非常丰富，可以搭配带肉的三明
治，味道和营养都正好互补。

伯爵西柚茶

1   2   3

材料_1人份
伯爵茶包 1个
西柚茶 2大勺
腌制西柚片 1片
白砂糖 1小勺

1 茶杯里倒满开水，杯子变温后，把水倒出去，再添热水，然后放伯爵茶包。

2 准备西柚茶里的西柚片。

3 拿出茶包后，放入腌制西柚和西柚片。

腌制西柚

西柚 2个，橙子1个，柠檬1个，白砂糖200g，黄砂糖400g，烘焙苏打少量，粗盐少量

1 把西柚、橙子和柠檬浸泡在苏打水里30分钟，然后取出来用粗盐搓洗，之后洗净。

2 把1带皮切成薄片后，用白砂糖和黄砂糖的80%混合。

3 往消毒的玻璃瓶里，交替放进西柚、橙子和柠檬，然后把剩下的糖全部放在上面，隔离空气，盖上盖子。

4 翻翻3，在常温里放置半天左右融化砂糖，然后放进冰箱里发酵3天左右。

青葡萄汽水

1   2   3

材料_1人份
青葡萄 200g
碳酸水 1杯
冰块 1/2杯
糖浆 适量

1 洗净青葡萄后，沥干水分，然后用搅拌
　器搅碎。
2 杯子里装一半冰块，然后倒进搅碎的青
　葡萄和碳酸水。
3 根据喜好放入糖浆。

青葡萄味道甜，初夏是吃青葡萄的最好时
节。和其他葡萄相比，外皮柔软，可搅碎
后做成饮料。

蔓越莓苹果汽水

1　　　　2　　　　3

材料 1人份
苹果汁 1/2杯
碳酸水 1/2杯
冰块 1/2杯
苹果 1/4个
冷冻蔓越莓 7粒
苹果薄荷 1根
糖浆 适量

1 苹果切成薄片。
2 杯子里装一半冰块，然后放入苹果和蔓越
　莓，倒上苹果汁和碳酸水。
3 放上苹果薄荷，根据喜好放入糖浆。

甜甜的苹果汁里放入蔓越莓，
然后再混进带气的汽水，就能
成为不输给咖啡店里的饮料。

柑橘薄荷水

1　　　　　2　　　　　3

材料
橙子 1/4个
柠檬 1/4个
薄荷 1根
生姜片 2块
水 2杯

1 用粗盐搓洗橙子和柠檬。

2 橙子和柠檬带皮切成圆片。

3 杯子里放入橙子、柠檬、薄荷和生姜片，倒入
　水后在冰箱里放置1小时以上，即可饮用。

用维生素C丰富的柑橘类水果做
成薄荷水，可搭配于任何三明
治，是款清新的健康饮料。